Sergio Ayvar-Serna
José Francisco Díaz-Nájera
Antonio Mena-Bahena

Control integrado in vitro de Pestalotiopsis microspora (Speg.)

Sergio Ayvar-Serna
José Francisco Díaz-Nájera
Antonio Mena-Bahena

Control integrado in vitro de Pestalotiopsis microspora (Speg.)

Manejo del clavo de la Guayaba

Editorial Académica Española

Imprint
Any brand names and product names mentioned in this book are subject to trademark, brand or patent protection and are trademarks or registered trademarks of their respective holders. The use of brand names, product names, common names, trade names, product descriptions etc. even without a particular marking in this work is in no way to be construed to mean that such names may be regarded as unrestricted in respect of trademark and brand protection legislation and could thus be used by anyone.

Cover image: www.ingimage.com

Publisher:
Editorial Académica Española
is a trademark of
Dodo Books Indian Ocean Ltd. and OmniScriptum S.R.L publishing group

120 High Road, East Finchley, London, N2 9ED, United Kingdom
Str. Armeneasca 28/1, office 1, Chisinau MD-2012, Republic of Moldova, Europe
Printed at: see last page
ISBN: 978-613-9-40439-1

CONTENIDO

I. INTRODUCCIÓN

Las plantaciones de guayabo establecidas en la República Mexicana son afectadas por la enfermedad endémica conocida como "clavo" provocada por el hongo *Pestalotia microspora* Speg., que infecta hojas, ramas, flores y frutos, en estos últimos causa más daño porque demerita su presentación, calidad y valor comercial, lo que afecta la rentabilidad de esta actividad frutícola. El daño en el fruto se presenta como pequeñas lesiones de color café, en forma circular de consistencia corchosa, con la apariencia de tachuela o clavo oxidado (Figura 1).

La mejor alternativa para luchar contra esta enfermedad, es el manejo integrado utilizando de manera conjunta prácticas culturales, biológicas, químicas y otras, que contribuyan a contrarrestar los daños. Sin embargo, el método preferido por los agricultores es la aplicación de fungicidas sintéticos, porque dan resultados a corto plazo, están disponibles en diferentes precios, ayudan aumentar la cantidad y calidad del producto; no obstante, este método de control no garantiza la inocuidad alimentaria del fruto; porque se utilizan sustancias toxicas que además, contaminan el medio ambiente, generan residualidad, inducen resistencia del patógeno y provocan enfermedades cancerígenas en los humanos; por esta razón, se ha optado por buscar otras alternativas naturales y compatibles con los sistemas productivos agropecuarios, entre los cuales destaca el control biológico mediante la utilización de microorganismos benéficos como *Trichoderma* spp. que actúa mediante competencia directa, micoparasitismo y antibiosis, contra diversas especies de hongos fitopatógenos, como *P.microspora*.

Además, *Trichoderma* presenta mecanismos indirectos, para elicitar o inducir la defensa fisiológica y bioquímicade la planta, a través de la destoxificación de toxinas y desactivación de enzimas en el procesos de infección; también promueve la solubilizarían de elementos nutritivos como el fósforo que, en su forma original, no son accesibles para las plantas; asimismo,   tiene   capacidad   de   crear   un   ambiente   favorable para el desarrollo de la raíz, lo que aumenta la tolerancia de la planta al estrés por sequía y/o nutrición (Infante *et al.,* 2009).

En la agricultura orgánica actual, se ha incrementado el interés en el aprovechamiento de los compuestos antimicrobianos producidos por algunas plantas como canela (*Cinnamomum zeylanicum* L.), ajo (*Allium sativum* L.),neem (*Azadirachta indica* Juss), y muchas otras especies vegetales, las cuales presentan aceites esenciales, polifenoles, taninos, saponinas, antraquinonas, flavonoides, terpenos, lectinas, polipéptidos, fenoles y muchos más compuestos, que tienen actividad antifungosa, con las ventajas de ser compatibles con la naturaleza e inocuos para los consumidores. Los terpenos son los principales responsables de la actividad antimicrobiana de los aceites esenciales; su efecto antimicrobiano se basa en que dañan las biomembranas, e interfieren procesos vitales como la ósmosis, la síntesis de esteroles y fosfolípidos en la célula fungosa (Montes, 2006).

Ante la necesidad de fortalecer el control integrado de *P.microspora,* surgió el interés de evaluar la efectividad biológica, in vitro, de *Trichoderma spp.*, extractos vegetales y fungicidas químicos para seleccionar los productos con mayor potencial de controlar al patógeno.

II. PROBLEMA DE INVESTIGACIÓN

En Tetipac, Gro., las plantaciones de guayaba sufren el ataque de la enfermedad endémica provocada por el hongo *P. microspora,* que afecta diversas partes de la planta en diferentes etapas fenológicas; pero el daño más significativo es en el fruto (Figura 1), donde induce la formación de lesiones o costras necróticas que afectan principalmente la calidad del producto, lo que disminuye la rentabilidad del cultivo.

En la región de estudio, no existen antecedentes sobre investigación formal hecha para probar la etiología y alternativas para disminuir los daños por esta problemática fitosanitaria. Por esto surgió el interés de probar, en condiciones de laboratorio, el efecto de diversos productos biológicos, orgánicos y químicos, para determinar los más efectivos que pueda utilizarse en el manejo integrado de esta enfermedad.

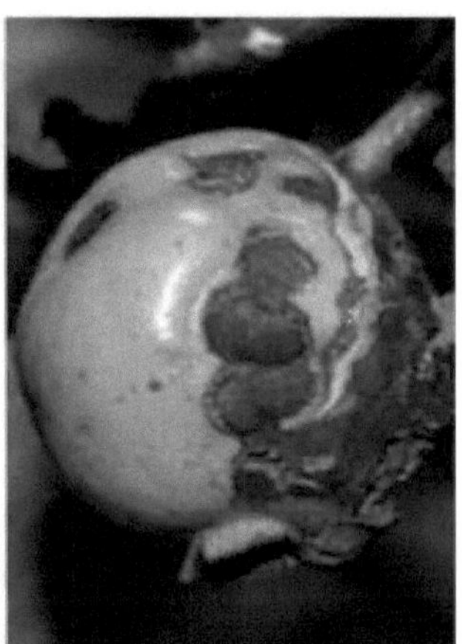

Figura 1. Daños provocados por *P. microspora* en frutos y hoja (Flores, 2012).

III. OBJETIVOS E HIPÓTESIS

Por el interés de seleccionar nuevas alternativas para el control integrado *in vitro de P.microspora,* se llevó a cabo el presente estudio con base en los siguientes:

3.1. Objetivos

- Aislar y purificar el hongo que causa la enfermedad del clavo en el cultivo de guayabo.
- Identificar morfológica y molecularmente al agente causal de esta enfermedad.
- Evaluar la patogenicidad de la especie de hongo aislado.
- Conocer la efectividad biológica *in vitro* de seis fungicidas químicos, seis cepas de *Trichoderma* spp. y seis extractos vegetales contra el hongo *P. microspora*.

3.2. Hipótesis

- La especie del hongo aislado es capaz de reproducir los síntomas de la enfermedad en frutos y hojas sanas inoculadas *in vivo.*
- Las especies de *Trichoderma* son efectivas para inhibir el crecimiento del hongo.
- Los fungicidas sistémicos tiene una mayor efectividad que los productos de contacto para inhibir el desarrollo del patógeno en condiciones *in vitro.*
- Los extractos vegetales son capaces de contrarrestar el crecimiento micelial del hongo.

IV. REVISIÓN DE LITERATURA

4.1. Aspectos generales del cultivo

La guayaba es originaria de las regiones tropicales de América; desde donde se ha extendido a todo el mundo. En la actualidad, se produce principalmente en los países indicados en la Figura 2, en donde China destaca por aportar el 36% del volumen total mundial. México participa sólo con 3%, y los estados que lideran la producción son Michoacán y Aguascalientes (Figura 3). En Guerrero la mayor superficie destinada a este frutal se encuentra en el municipio de Tetipac (Figura 4), en donde es frecuente la infección de la enfermedad aérea conocida como costra o clavo de la guayaba, provocada por el hongo *P. microspora* Speg., que afecta el valor comercial del producto.

En la presente investigación, son objeto de estudio *P. microspora* y los métodos de control biológico, orgánico y químico. Por ser el primer reporte de esta especie de hongo en guayabo, se presenta toda la información acerca de *P. microspora*, porque no existen muchas publicaciones sobre el primero de los hongos mencionados.

4.2. Antracnosis o clavo del guayabo (*P. microspora* Speg.)

Importancia. En campo afecta la apariencia y calidad comercial del fruto y en postcosecha ocasiona pudrición seca y momificación del producto (Agríos,2005).

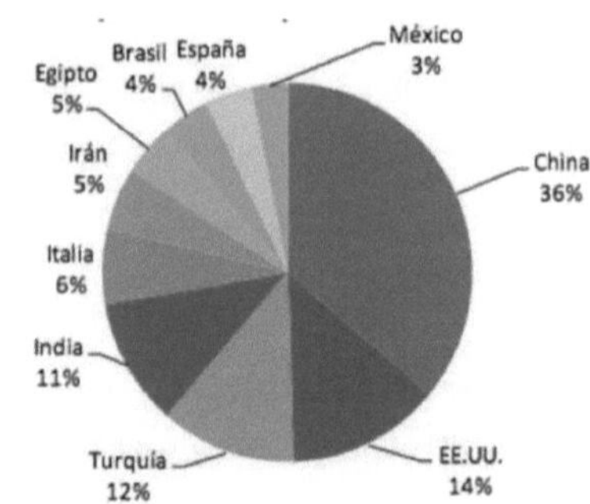

Figura 2. Países principales productores (SAGARPA, 2014).

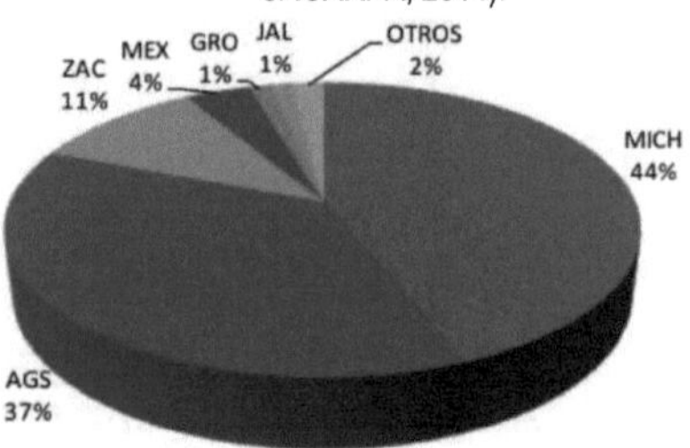

Figura 3. Estados principales productores (SAGARPA, 2014).

Figura 4. Municipios principales productores (SAGARPA, 2014).

Distribución. Se encuentra en México, Bolivia, India, Australia, Malasia, Mozambique, Zambia, Nigeria, Venezuela, Ecuador, Costa de Marfil, Taiwán, Zimbawe, Tanzania, Puerto Rico y muchos otros países (Domingo *et al.,*2006).

Hospedantes. Infecta a *Psidium guajava* L., *Acca sellowiana* Berg., *Vitis vinifera* L., *Feijoa sellowiana* Berg. *y Musa paradisiaca* L.*(*Jiménez *et al.,* 1992*).*

Síntomas. La enfermedad se manifiesta en el epicarpio del fruto joven, como manchas circulares, levantadas, de consistencia corchosa y color café (Figura 5), las cuales afectan el desarrollo normal del fruto; o bien, éste se cubre de costras irregulares de color café que, en ataques severos, provocan rajaduras y al final la momificación. Las hojas presentan manchas de color café

Figura 5. Síntomas de *P. microspora* en hojas y fruto (Flores, 2012).

brillante tanto en los bordes como en su parte central (Figura 5). Asimismo, los brotes tiernos se deformen, secan, oscurecen y caen (Montiel *et al.,* 2001*).*

Diagnóstico. En campo se realiza el diagnóstico preliminar a través de la observación de los síntomas que caracterizan la presencia de la enfermedad (Figuras 1, 5 y 11). En el laboratorio se coloca tejido enfermo en cámara húmeda para inducir la formación de acérvulos típicos del hongo y observar los conidios típicos (Figuras 6 y 21) que permiten la identificación del género de este hongo.

Taxonomía. La posición taxonómica del hongo es: Reino Fungi, Phylum Deuteromycota, Clase Deuteromycetes, Orden Melanconiales, Familia Melanconiaceae, Género *Pestalotia*, Especie *microspora* (Romero, 1988; Insuasty *et al.*, 2005).

Morfología. El hongo presenta conidioforos hialinos, irregularmente ramificados, septados, lisos y cortos (Figura 6); así como conidios oscuros, rectos o ligeramente curvados, elipsoidales o fusiformes que poseen seis células, con la basal y la terminal puntiagudas e hialinas, y esta última tiene dos o más apéndices apicales hialinos (Romero, 1988; Insuasty *et al.*, 2005).

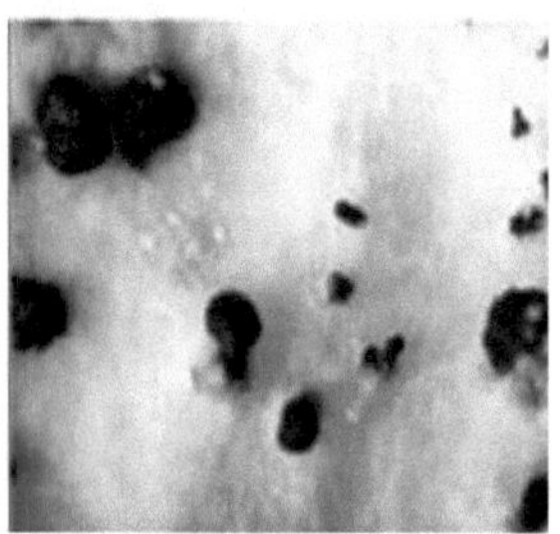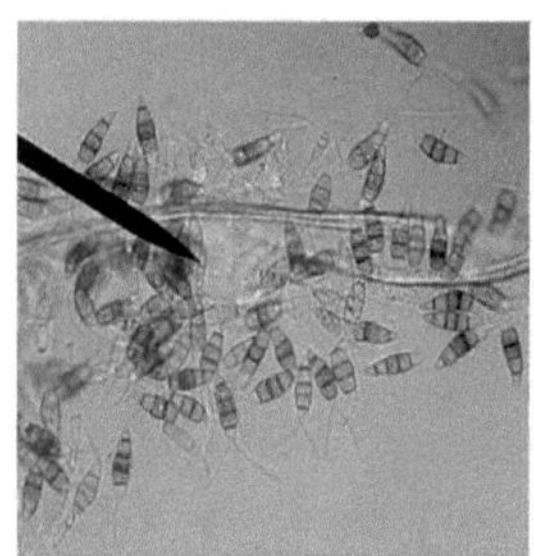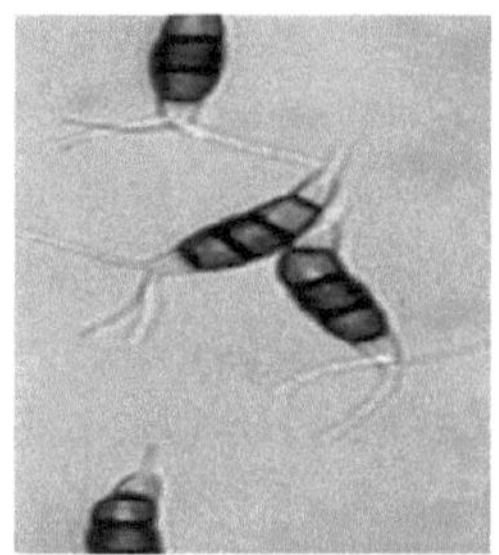

Figura 6. Acérvulos (10X) y conidos (40X y 100X) de *P. microspora (Insuasty et al.,*2005).

Ciclo biológico. El hongo produce acérvulos dónde se forman los conidios que fácilmente se diseminan por el viento y por salpicamiento del agua de lluvia. La presencia de períodos de humedad relativa alta y/o lluvias dentro de tiempo seco, favorece el desarrollo y la reproducción del patógeno (Figura 6), éste tiene una fase saprófita que le ayuda a sobrevivir en tejidos muertos por períodos prolongados. La penetración a los tejidos del hospedante, se realiza por medio de heridas o daños mecánicos (Insuasty *et al.*, 2005; Anónimo, 2015a).

Epidemiologia. La incidencia y severidad están relacionadas con la virulencia del patógeno, así como por las densidades de siembra, condiciones ambientales favorables de alta humedad relativa, favorecida especialmente por exceso de follaje de la planta y. también la mayor altitud. Por otra parte, hay presunción de que este hongo está asociado con el ataque de insectos chupadores o raspadores (Arevalo *et al.*, 2012). La infección es más severa en temperaturas altas (>23 °C), mayor humedad relativa (80%) y precipitaciones frecuentes (>130 mm) (Flores, 2012).

Daños. En ataques muy severos, la infección provoca la rajadura del fruto, lo que ocasiona pérdidas económicas, que pueden ser de 70% en épocas de verano; o mayores de 95% durante la transición de estaciones de verano a invierno o de invierno a verano, porque prevalece la humedad relativa alta. Asimismo, la enfermedad provoca la caída prematura de los frutos, cuando apenas estos se encuentran en el estado inicial de desarrollo y los niveles de severidad en la epidermis superan el 60% del área afectada (Insuasty *et al.*, 2005).

Manejo integrado. El control de malezas limita la rápida diseminación de la enfermedad; también se recomienda podar frutos infectados y recoger los que estén tirados y enterrarlos o destruirlos; asimismo, podar ramas improductivas o secas, porque son fuente de inóculo. Los compuestos de cobre ayudan al control de la enfermedad (Flores, 2012).

En la presente investigación se utilizaron cepas de *Trichoderma* spp., extractos vegetales comerciales y fungicidas químicos para evaluar sus efectos sobre el crecimiento del hongo en condiciones de laboratorio, por esto, estas tres estrategias de control de la enfermedad se describen ampliamente a continuación.

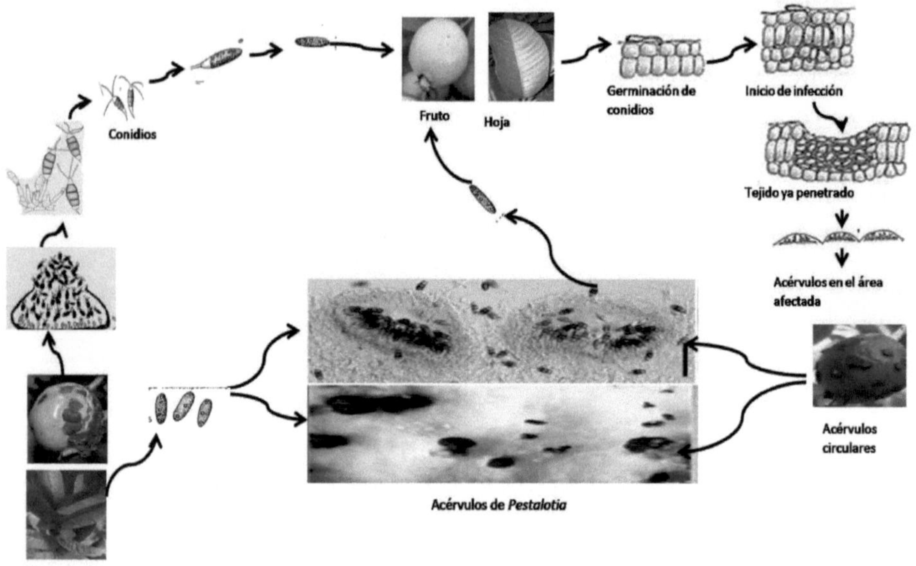

Figura 7. Ciclo biológico de *Pestalotiopsis* spp. (Adaptado de Insuasty *et al.*, 2005).

4.2. Control biológico de enfermedades mediante *Trichoderma* spp.

Antecedentes. El hongo *Trichoderma* es uno de los más utilizados en el control biológico de fitopatógenos foliares y del suelo en diversos cultivos; por su ubicuidad, facilidad para ser aislado y cultivado en numerosos sustratos, en donde tiene rápido crecimiento y no ataca a plantas superiores (Ezziyyani, 2004).Además, se pueden obtener fácilmente aislamientos nativos, a partir de suelo donde crece el cultivo.

Mecanismos de acción. Actúa compitiendo por espacio y alimento (sustrato), además produce sustancias fungitóxicas, induce resistencia por medio de fitoalexinas e infecta a hongos patógenos (Ezziyyani, 2004). Algunos de estos mecanismos se describen a continuación.

Competencia. La escasez o limitación de un requerimiento (espacio y/o nutrientes), provoca competencia entre microorganismos (Martínez *et al., 2013*). Así por ejemplo se ha reportado que *Trichoderma* es un excelente competidor contra hongos habitantes del suelo como *Fusarium* (Hernández *et al.*, 2009).

Micoparasitismo. Este proceso es complejo y ocurre en etapas de: Crecimiento quimiotrófico, donde *Trichoderma* puede detectar a distancia a sus posibles hospedantes. *Reconocimiento especifico del sustrato. Adhesión y enrollamiento* por la interacción de azúcares de reconocimiento en la pared del antagonista, con lectinas presentes en la pared del patógeno. *Actividad lítica*, a través de enzimas extracelulares, fundamentalmente quitinasas, glucanasas y proteasas, que degradan las paredes celulares del hongo y favorecen la penetración de las hifas de *Trichoderma*. El micoparasitismo involucra el enrollamiento, penetración, vacuolización, granulación, coagulación, desintegración y lisis del micelio del patógeno; aunque todas estos eventos suceden en forma interactiva y dependen del patógeno, aislamiento de *Trichoderma* y condiciones ambientales (Martínez *et al.*, 2013).Se ha reportado el micoparasitismo ejercido por *Trichoderma* contra *Fusarium*, *Rhizoctonia* y otros patógenos (Harman *et al.*, 2004).

Antibiosis. Los metabolitos con actividad antifúngica secretados por *Trichoderma* constituyen son compuestos volátiles (ácido harzianico) y no volátiles (viridina), estructura y función diversas, que inhiben a otros microorganismos, sin establecer contacto físico (Martínez *et al.*, 2013). Por ejemplo, Trichoderma presenta antibiosis contra *Pythium, Fusarium, Rhizoctonia, Cylindrocladium, Thielaviopsis, Sclerotinia sclerotium, Fusarium, Helminthosporium., Armillaria, Colletotrichum, Pseudoperonospora, Verticillium, Thielaviopsis y Rosellinia* (Martínez, 2012).

Ventajas. Entre las conveniencias de utilizar este hongo benéfico (Anónimo, 2015b), destacan las siguientes:

- Es eficiente para el control de enfermedades de plantas.
- Posee un amplio rango de acción.
- Tiene amplia capacidad de colonización y reproducción en el suelo, y ejerce control duradero sobre hongos fitopatógenos.
- Ayuda a descomponer materia orgánica, haciendo que los nutrientes se conviertan en formas disponibles para la planta; por lo tanto, tiene un efecto indirecto en la nutrición del cultivo.
- Estimula el crecimiento de los cultivos porque secreta metabolitos que promueven el desarrollo vegetal.
- Acelera la descomposición y maduración de composta o materia orgánica que contiene el hongo como agente biofungicida.

- Favorece la proliferación de organismos benéficos en el suelo.
- No necesita intervalo de seguridad para la cosecha.
- Preservación del medio ambiente por disminuir el uso de fungicidas químicos.
- Disminuye los costos de producción de cultivos.
- Ataca patógenos de la raíz (*Pythium, Fusarium, Rhizoctonia*) y del follaje (*Botrytis, Colletotrichum, Alternaria*).
- Mejora la absorción de agua y nutrientes.
- No es fitotóxico.
- Solubiliza nutrientes en el suelo para el aprovechamiento de las plantas.
- Actúa como biodegradante de agrotóxicos.
- Protege las semillas y material propagativo de fitopatógenos.
- Es compatible con micorrizas, *Azotobacter* y otros biofertilizantes.
- Es amigable con otros microorganismos controladores de plagas y enfermedades.

Desventajas. Algunos inconvenientes citados por Guédez *et al* (2008),se describen a continuación.

- Ignorancia sobre los principios de este método de control biológico.
- Falta de apoyo económico para la adquisición del producto.
- No está fácilmente disponible.
- Se tienen problemas con umbrales económicos.
- No actúa igual contra todos los hongos fitopatógenos.

Taxonomía: El hongo biocontrolador presenta la taxonomía siguiente:

Anamorfo. La fase asexual corresponde a *Trichoderma* que pertenece al Reino: Fungi, División: Deuteromycota, Subdivisión: Deuteromycotina, Clase: Deuteromycetes, Orden: Moniliales y Familia: Monileaceae (Romero, 1988; Michel, 2001).

*Teleomorfo.*Corresponde a *Hypocrea,* el cual se ubica en el Reino: Fungi, División: Eumycota, Clase: Ascomycetes, Orden: Hypocreales y Familia: Hypocraceae (Villegas, 2014).

Morfología: Las características de las fases de reproducción sexual y asexual, se presentan enseguida.

Anamorfo (Trichoderma). De acuerdo con Gams y Bissett (1998), el micelio desarrolla fiálides verticiliados, en parejas alternadas o dispuestas irregularmente con las partes terminales alargadas y estrechas. Las hifas pueden ser anchas y rectas o relativamente angostas y flexibles. Los conidios son globosos, elipsoides,cilíndricos, pared lisa; con colores verde, gris, café, oscuros o palidos. Las clamidosporas son comunes, de formas globosas o elípticas, y posiciones terminales o intercaladas, de colores amarillento o verdoso y de 1-15 µm de diámetro en la mayoría de especies (Figura 8).

Teleomorfo (Hypocrea). La etapa sexual es menos frecuente en la naturaleza; Se caracteriza por poseer ascomasperiteciales inmersos en estromas con alta variabilidad morfológica, con ascosporas verdes o hialinas formadas en ascas típicamente cilíndricas de ápice romo, a veces, ligeramente engrosado, con 8 ascosporas bicélulares mono o dimórficas, que se desarticulan a la madurez quedando 16 esporas por asca (Kullning-Gradinger*et al.*, 2002). Chaverri y Samuels (2003) comprobaron que este grupo no es monofilético; no le asignaron e valor de categoría taxonómica.

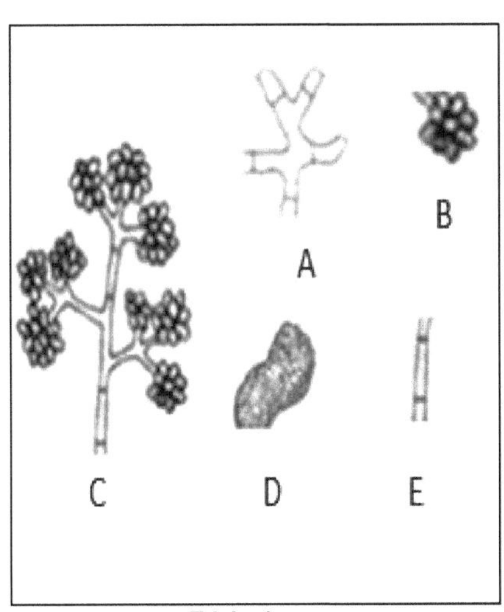

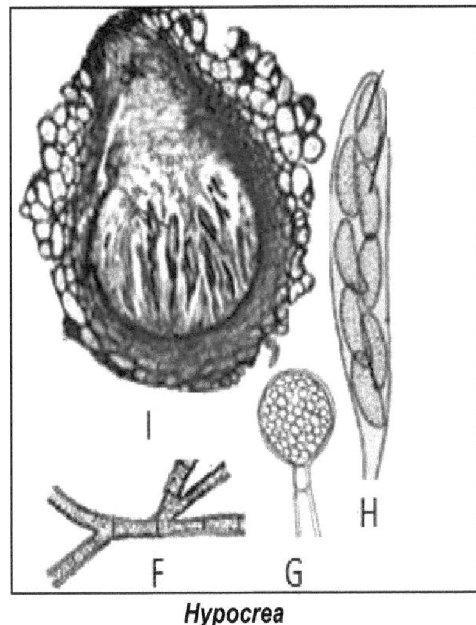

Figura 8. Morfología de *Trichoderma* (izq.): A) Micelio, B) Conidios, C) Conidióforos, D) Esclerocios, E) Fialide, *e Hypocrea*(der): F) Hifas, G) Clamidospora, H) Asca con ascosporas, I) Peritecio con ascas(Anónimo, 2014c).

Ciclo biológico. Las clamidiosporas son las estructuras de sobrevivencia de *Trichoderma* spp. en condiciones adversas; vive como saprófito en el suelo y la madera. La humedad en el suelo (60%) provoca que el hongo pase del estado latente al activo; pero a niveles mayores de saturación, disminuye la colonización y sobrevivencia por la baja disponibilidad de oxigeno; asimismo, en pH ácido se incrementa la reproducción del hongo (Figura 9) y éste coloniza las raíces de plantas para vivir en simbiosis (Villegas, 2014).

Productos comerciales elaborados con *Trichoderma*. En el Cuadro 1 se presentan algunos productos biológicos comerciales elaborados con *Trichoderma* spp..

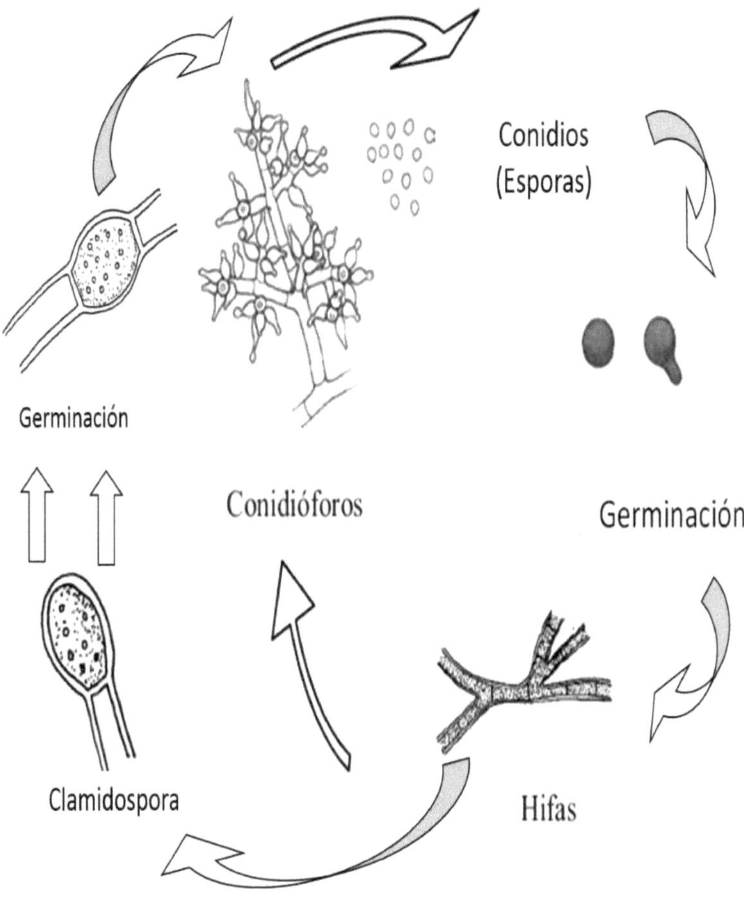

Figura 9. Ciclo biológico de *Trichoderma* (Villegas, 2014; Plancarte, 2014).

Cuadro 1. Productos biológicos comerciales que contienen *Trichoderma spp.*

Ingrediente activo	Nombre comercial	Patógeno que controla
Trichoderma harzianum Rifai	BIOBEN	*Phytophthora capsici* Leonian.
	NATU CONTROL	*Phytophthora, Rhizoctonia, Pythium, Sclerotinia, Sclerotium, Fusarium y Verticillium*
	PHC T-22®	*Pythium, Rhizoctonia, Fusarium, Cylindrocladium, Thielaviopsis, Verticillium* y *Sclerotinia.*
	TRICHO-SIN WP	Damping off, *Fusarium*
	TRICON	*Sclerotinia, Helminthosporium, Armillaria, Colletotrichum, Pythium, Phytophthora, Fusarium, Rhizoctonia* y *Pseudoperonospora.*
Trichoderma spp.	SPECTRUM TRICO BIO	*Rhizoctonia, Fusarium, Pythium, Botrytis, Phytophthora, Sclerotium, Sclerotinia, Alternaria, Colletotrichum, Thielaviopsis, Armillaria* y *Roselinia.*
Trichoderma virens(J.H.Mill.,Giddens&A.A. Foster)Arx	PHC ROOTMATE	*Phytophthora.*

Fuente: Thomson (2012)

Descripción de productos con *Trichoderma* utilizados en la investigación. En el presente estudio se seleccionaron los siete productos descritos a continuación:

Bactiva^MR. Es un biofungicida seco y soluble que previene la pudrición de las raíces por hongos patógenos. El producto contiene *Bacillus polymyxa* Prazmowski altamente antagónico a *Fusarium; además B. subtilis* Cohn y varias especies del hongo benéfico *Trichoderma;* éstos compiten con los patógenos por espacio y nutrientes en la rizósfera; asimismo los parasitan y previenen su crecimiento mediante secreción de toxinas. Es un bioenraizador; es decir, un estimulante del crecimiento del sistema radicular porque contiene bacterias y hongos benéficosque producen de hormonas de crecimiento (giberelinas, citoquininas), como *B. megaterium*Bary y *Pseudomonas flourescens* Migula; las cuales, junto con *Trichoderma* estimulan el crecimiento del sistema radicular durante todo el ciclo de cultivo y son indispensables durante la emergencia de plántulas o en la recuperación de raíces dañadas. Es un biofertilizante microbiano por sus bacterias fijadoras de nitrógeno y solubilizadoras de fósforo; que fijan o liberan elementos presentes en el suelo, pero que las plantas no pueden aprovechar. Los microorganismos benéficos están suplementados por

15

bioestimulantes que promueven su actividad biológica, aumentan la propagación de células y yemas laterales, además, retrasan el envejecimiento de los tejidos vegetales. El producto está compuesto por bacterias benéficasfijadoras de nitrógeno, que solubilizan fósforo y producen hormonas de crecimiento vegetal y vitaminas (biotina, ácido fólico, B, B2, B3, B6, B7, B12, C, K); también contiene aminoácidos, proteína vegetal, extractos solubles de yuca (*Yuccaschidigera* L.) y de alga marina (*Ascophyllum nodosum* L.); ácidos fúlvicos y derivados de leonardita (DEAQ, 2015).

Biobravo®. Es una alternativa al uso de fertilizantes químicos; contiene microorganismos promotores del crecimiento denominados biofertilizantes, como las bacterias del género *Azospirillum*, los hongos micorricicos del género *Glomus* y el biocontrolador *Trichoderma* sp. Los hongos son importantes en las plantas porque se asocian a las raíces, forman un sistema de transferencia bidireccional, a portan a la planta, nutrimentos minerales y compuestos orgánicos del suelo. *Azospirillum* tiene la capacidad de fijar nitrógeno del aire, para el aprovechamiento de la planta (DEAQ, 2015).

PHC T-22®. Es un fungicida biológico preventivo para el control de enfermedades de numerosas especies vegetales. El ingrediente activo es un microorganismo benéfico, *T. harzianum* Cepa T-22 (KRL-AG2), que se puede aplicar al suelo mediante sistema de goteo (DEAQ, 2015).

FITHAN. Tiene como ingrediente activo a *T. fasciculatum* con una concentración de 1.3×10^6 esporas por litro; es una solución humectante, este producto controla pudriciones de raíz, marchitamiento, ahogamientos, cancrosis y desarrollo de fungosis; su mecanismo de acción es por micoparasitismo. Se aplica en el sistema de riego por goteo o por aspersión con bomba (Carrasco, 2014).

T. asperellum **(cepa Chilapa).**Esta cepa fue proporcionada por el laboratorio de Fitopatología del CEP-CSAEGro. Se aisló originalmente de una muestra de suelo extraída de un terreno cultivado con calabaza pipiana (*Cucurbita argyrosperma* Huber.), en la localidad de El Refugio, municipio de Chilapa, Gro., con el fin de probar el efecto antagónico (antibiosis) sobre el crecimiento de hongos fitopatógenos que pudren el fruto de esta cucurbitácea.

T. asperellum **(cepa Cocula).** Esta cepa fue proporcionada, al igual que la anterior, por el laboratorio de Fitopatología. Se aisló originalmente de muestra de suelo obtenida en el campo agrícola del CEP-CSAEGro. Se ha probado en diversas investigaciones sobre control biológico de hongos patógenos. Por ejemplo Díaz (2013) obtuvo un promedio de 100% de inhibición de *P. capsici* Leonian.

Efecto de *Trichoderma* sobre *Pestalotia*. Se ha observado que la aplicación de *Trichoderma* a dosis de 80 g 100 L^{-1} de agua, con 60 mL de adherente y dispersante, controla eficientemente la enfermedad causada por clavo *P. microspora* (Flores, 2015).

Por otra parte, Ortiz (2015), comparo el efecto de diferentes cepas de *Trichoderma* en condiciones de laboratorio encontrando resultados favorables al inhibir el 100% las cepas de *T.asperellum (cepa chilapa), Trichoderma spp* y *T. reesei,* ya que ejercieron una mayor competencia por espacio y nutrientes e interaccionó directamente con el patógeno (micoparasitismo).

Asimismo Rayo (2014), realizo una investigación con 5 tratamientos y 4 repeticiones comparando diferentes cepas de trichoderma, obteniendo resultados favorables ya que las cepas de Bravo 1 y Bravo 2 son las que lograron inhibir el 100 % y 50% del crecimiento de la colonia fungosa ya que son buenas para la competencia de nutrientes.

4.3. Uso de extractos vegetales para control de enfermedades fungosas

Antecedentes. El uso de productos naturales es tan antiguo como la humanidad; son de naturaleza muy variada, desde sustancias biológicamente activas de origen marino, exudados de raíz y los metabolitos secundarios obtenidos de plantas, de los cuales se han estudiado principalmente las propiedades y principios activos, porque su utilización es una alternativa para producir alimentos inocuos, y ayudan al equilibrio entre el ambiente, la producción y el hombre. Se han probado con éxito en la lucha contra enfermedades y plagas, los extractos de neem (*Azadirachta indica* L.), ajo (*Allium sativum* L.) y otros (Rosales *et al.*, 2002).

Importancia. Son una opción promisoria para utilizarse como fungicidas o reguladores del desarrollo de hongos fitopatógenos; en el marco de la agricultura sostenible, debido a que los compuestos obtenidos de las plantas son biodegradables, de elevada efectividad, de bajo costo y no contaminan al medio ambiente (Martínez *et al.*, 2010).

Mecanismos de acción. Sus propiedades antimicrobianas se deben al efecto de metabolitos secundarios tales como alcaloides, aceites esenciales, polifenoles, taninos, saponinas, antraquinonas, flavonoides, terpenos, lectinas, polipéptidos y fenoles. Por ejemplo, la toxicidad de los fenoles se atribuye a la inhibición enzimática por oxidación de compuestos en microorganismos; asimismo, los terpenos y aceites esenciales causan el rompimiento de la membrana a través de los compuestos lipofílicos; los alcaloides se intercalan con el DNA; las lectinas y polipéptidos pueden formar canales iónicos en la membrana (González *et al.*,2008).

Tipos de productos comerciales. Algunos ejemplos de productos orgánicos disponibles en el mercado, se describen en el Cuadro 2.

Cuadro 2. Productos comerciales elaborados con extractos vegetales, para el control de hongos fitopatógenos

No.	Producto	Ingrediente activo	Patógeno que controla
1	AGRILIFE ®	Ácido ascórbico	*Pythium de baryanum*R. Hesse.y *Botrytis cinerea* (De Bary) Whetzel.
2	PROGRANIC ®	Extracto de canela (*Cinnamomum zeylanicum* L.)	*R.solani* Kühn, *Fusarium* spp., *Pythium* spp., *Oidium* spp., *Erysiphe* spp.
3	PROGRANIC ®	Extracto de neem (*A. indica* Juss)	*R. solani, Fusarium* spp., *Pythium* spp.
4	SEDRIC 4x	Yuca (*manihot esculenta* L.)	*R. solani, Erwinia carotovora* (Jones.) Waldee, *Alternaria solani* Sorauer, *P. infestans* De Bary, *Xanthomonas campestrisp v. vesicatoria, P. capsici* Leonian, *Verticillum* sp., *Sclerotinia sclerotiorum* (Lib.) de Bary, *Fusarium* spp., *Colletotrichum* spp., *Alternaria* spp. y *Erwinia amylovora* (Burrill) Winslow *et al.*
5	CANOL®	Extracto de canela (*C. zeylanicum* L.)	*Oidium* spp.
6	COLA DE CABALLO®	Extracto de cola de caballo (*Equisetum arvanse* L.)	*Phythophthora* spp., *Oidium* spp., *Botrytis* spp., *Alternaria* spp.y *Pestalotia psidii* Pat.
7	BIO 150 CÍTRICO®	Extracto de semillas de cítricos	*Ascochyta* spp., *Fusarium* spp., *Botrytis* spp., *Alternaria* spp., *Rhizoctonia* spp., *Sphaeroteca* spp., *Mycosphaerella* spp. y *Colletotrichum* spp.
8	BIO 75 TOMOL®	Extracto de Tomillo rojo (*Thymus vulgaris* L.)	*Ascochyta*spp., *Fusarium* spp., *Botrytis*spp., *Alternaria*spp., *Rhizoctonia*spp., *Sphaeroteca*spp., *Mycosphaerella*spp., *Colletotrichum*spp., *Cercospora*sp., *Septoria*spp., *Stemphylium*spp., *Peronospora*sp.y*Pythium*spp.
9	LECITIN®	Lecitina de soja(*Glycine max* L.)	*Puccina* spp.
10	LIPPOIL®	Extracto de *Lippia graveolens* Kunth.	*Erwinia* sp., *Peronospora* sp., *Alternaria* sp., *Cercospora* sp., *Colletotrichum* sp., *Aspergilliu* ssp.y *Penicillium* sp.
11	CINNOIL®	Extracto de Canela(*C. zeylanicum* L.)	*Erwinia* sp., *Peronospora* sp., *Alternaria* sp., *Cercospora* sp., *Colletotrichum* sp., *Aspergillius* sp.y *Penicillium* sp.
12	CAPSIOIL®	Extracto de ajo (*A. sativum* L.), aceite de chile (*Capsicum annuum* L.) y de canela(*C. zeylanicum* L.)	*Erwinia* sp., *Peronospora* sp. y *Alternaria* sp.

Fuente: Thomson (2012).

Descripción de los productos utilizados en la investigación. En el presente estudio se utilizaron seis productos comerciales descritos a continuación.

CINNOIL. Producto que puede ser utilizado en manejo integrado de plagas y enfermedades, así como en agricultura convencional debido a su origen totalmente natural (Cuadro 3). Al ser asperjado al follaje, penetra a través de los estomas hasta los tejidos de conducción, protegiendo totalmente la planta (Thomson, 2012).

Cuadro 3. Composición química de CINNOIL

Composición	% en peso
Aceite de canela (*C. cassia* y *C. zeeylanicum*)	
Aldehído cinámico y Eugenol no menos de	50.0
Aceite de *L.graveolens* k L. y *L. berlandieri* L ..	15.0
Extracto esencial de ajo *Allium* spp. No menos de	10.0
Coadyuvantes orgánicos no menos de............	10.0
Diluyentes naturales no más de	10.0
Total	100.0

Fuente: Thomson(2012).

LIPPOIL. Este producto puede ser utilizado en el manejo integrado de plagas y enfermedades, así como en la agricultura convencional debido a su origen totalmente natural (Cuadro 4). Es bactericida y fungicida que, al ser aplicado vía foliar, inhibe la germinación de esporas y el desarrollo de hongos y bacterias fitopatógenas. Se utiliza para el control de enfermedades causadas por bacterias de los géneros *Xanthomonas* sp., *Pseudomona* sp. y *Erwinia* sp., (Thomson, 2012).

Cuadro 4. Composición química de LIPPOIL

Composición	% en peso
Aceite de *L.graveolens* L.y *L.berlandiere* L, no menos de	40.0
Aceite de canela(*C.cassia* y *zeylanicum*)no menos de	40.0
Coadyuvantes orgánicos no más de...............	20.0
Total	100.0

Fuente: Thomson (2012).

CAPSIOIL. Es un repelente e insecticida natural elaborado principalmente a partir de ingredientes activos de alta concentración y pureza (Cuadro 5);

Cuadro 5. Composición química de CAPSIOIL

Composición	% en peso
Aceite de chile *C. frutescens* L. y *C. annuum* L. no menos de.................................	40.00%
Extracto esencial de ajo *Allium spp.* No menos de	30.00%
Aceite de canela (*C. cassia*y *C. zeeylanicum*) no menos de	20.00%
Coadyuvantes orgánicos no menos de.....	10.00%
Total	100.00%

Fuente: Thomson (2012).

es muy efectivo para el manejo integrado de un amplio grupo de plagas. Puede utilizarse solo o en mezcla pesticidas biológicos o químicos, para mejorar la eficacia de las aplicaciones; así como en agricultura orgánica o ecológica (Thomson, 2012).

Cuadro 6. Composición química de NEEM CINNOIL

Composición	% en peso
Aceite de neem (*A. indica*) Azaridactina no menos de	7.5
Aceite de canela (*C. cassia* y *C. zeeylanicum*) Aldehidocinamico y Eugenol No menos de menos de	40.0
Coadyuvantes orgánicos no menos de......	30.0
Diluyentes Naturales no más de	22.5
Total	100.0

Fuente: Thomson (2012).

NEEM CINNOIL. Es un pesticida botánico obtenido de la planta *A. índica* (Cuadro 6). Puede asperjarse sobre los cultivos como un sustituto orgánico, en lugar de insecticidas químicos; es efectivo para la prevención y control de varias enfermedades fungosas como cenicilla, mildiu, moteado negro, *Botrytis*, antracnosis, roya, mancha foliar, filoxera y *Alternaria* (Thomson, 2012).

BIOCANELA. Actúa como fungicida, bactericida y antiparasitario (Cuadro 7). Estimula los sistemas naturales de defensa de la planta y la regeneración vegetativa, frente al estrés climático o biótico. Es eficaz en tratamientos preventivos contra cenicillas y ácaros, en dosis de 200-250 mL L^{-1}, en. Aspersiones foliares hechas por la tarde con poca radiación solar. No debe mezclarse con productos de reacciones alcalina ni ácida (Thomson, 2012).

ALLIOIL. Inhibe el crecimiento de hongos fitopatógenos(Cuadro 8);se ha comprobado que combate los hongos: *Penicillium italicum* Wehmer, *Aspergilus flavus* Link., *Fusarium* sp., *R. solani, Alternaria* sp., *Colletotrichum* sp., *Pythium* sp. y otros(Thomson, 2012).

Cuadro 7. Composición química de BIOCANELA

Composición	% en peso
Canela (*C. zeylanicum*)	30.0
Pimienta negra	20.0
Solventes, emulsiones, coadyuvantes y compuestos relacionados	50.0
Total	100.0

Fuente: Thomson (2012).

Cuadro 8. Composición química de ALLIOIL

Composición	% en peso
Extracto esencial de Ajo *Allium spp.* No menos de	90.0
Diluyentes y acondicionadores orgánicos no más de	10.0
Total	100.0

Fuente: Thomson (2012).

Efecto de extractos vegetales utilizados contra *Pestalotiopsis* y otros hongos.
Existe información escasa acerca de la utilización de estos productos orgánicos en cultivos en campo (*in situ*); así por ejemplo, se reportó que extracto crudo etanólico obtenido de hojas tiernas de eucalipto (*Eucaliptus globulus* L.),en aspersiones quincenales aplicadas a la copa de árboles de guayabo, en dosis de 8 mL L^{-1} de agua, logró disminuir 94.7 % la incidencia de *P. microspora* (Insuasty *et al.,*2005).

Sin embargo, en condiciones de laboratorio (*in vitro*), se han probado extractos de eucalipto, menta (*Menta piperita* L.) y cola de caballo (*Equisetum arvense* L.) sobre el desarrollo de colonias de *P. microspora;* se encontró que el producto de eucalipto mostró el mejor control, al inhibir 80 % del crecimiento de la colonia del hongo (Quijada y Gómez, 2005).

Asimismo, se encontró que el extracto de neem inhibió 100% el crecimiento de *P. microspora*, y mantuvo su residualidad durante 9 días en medio de cultivo PDA (Rayo, 2014); mientras que en otro ensayo similar, se reportó que el extracto de *Reynoutria sachalinensis* (F. Schmidt) Nakai, inhibió completamente (100%) el crecimiento de las colonias de este patógeno cultivadas en PDA (Ortíz, 2015).

En otros experimentos realizados con especies de *Colletotrichum*, que es un patógeno de partes aéreas de la planta, al igual que *Pestalotiopsis*, se ha reportado que Plancarte (2014), probo diferentes extractos en las misma condiciones obteniendo resultados favorables con el extracto de lippia y canela.

4.4. Uso de fungicidas químicos para controlar enfermedades

Antecedentes. La tecnología de la revolución verde promovió la utilización de variedades mejoradas, la aplicación de grandes cantidades de agua, fertilizantes y plaguicidas para incrementar la productividad agrícola. desde entonces, los fungicidas sintéticos son los más utilizados por presentar las ventajas de: aumentar los rendimientos, son de rápida acción; tienen precios accesibles; se encuentran en múltiples presentaciones; son fácil de conseguir en los mercados; presentan un amplio rango de acción y existen muchos ingredientes activos (Avalos, 2014).

Ventajas. Los fungicidas sintéticos son los productos más utilizados por presentar las ventajas de: aumentar los rendimientos, son de rápida acción; tienen precios accesibles; se encuentran en múltiples presentaciones; son fácil de conseguir en el mercado; presentan un amplio rango de acción y existen muchos ingredientes activos (Avalos 2014).

Desventajas. El uso irracional de este método de control de enfermedades, ha causado contaminación del ambiente, efecto residual, toxicidad, desequilibrio del pH en el suelo, resistencia en hongos y problemas de salud en humanos y animales; por lo que actualmente se cuestiona negativamente su utilidad (Avalos 2014).

Mecanismos de acción en la célula. El fungicida tiene un efecto directo sobre la biología del microorganismo; actúa sobre la estructura de la membrana celular de los hongos causando la pérdida del contenido celular y siendo responsable de la muerte del hongo (Ayala, 2008). Por ejemplo los cobres interrumpen el transporte de energía.

Clasificación de fungicidas. Los fungicidas son clasificados de la siguiente manera, Cuadro 9.

Fungicidas recomendados contra *Pestalotiopsis.* No existe una amplia gama de productos químicos recomendados para controlar especies de *Pestalotiopsis;* sin embargo, se recomienda aplicar productos a base de cobre, Kasugamicin, Zineb y Mancozeb (Insuasty *et al.,* 2005).No obstante, se considera que los fungicidas recomendados contra *Colletotrichum,* controlan también al primer género fungoso; algunos de ellos se describen el cuadro A-1.

Cuadro 9. Clasificación de los fungicidas por el modo y la forma de acción.

Modo de acción	Clasificación	Forma de acción
Distribución (movilidad en la planta)	Protectantes (contacto)	Permanecen en la superficie de la planta dónde se aplican. No tienen ninguna actividad de control después de la infección. Requieren aplicaciones frecuentes cada 7 a 14 días para proteger nuevas áreas de crecimiento de la planta.
	Sistémicos	Las plantas absorben el fungicida a través del follaje o raíces y lo traslocan generalmente en sentido ascendente a través del xilema y rara vez en sentido descendente por el floema. Ofrecen control despues de la infección
	Translaminares	Penetran la hoja desde el haz hacia el envés, son traslocados a nivel local
En el ciclo de vida del hongo	Preventivo	Está presente en la planta como una barrera protectora antes de que el patógeno llegue y se desarrolle.
	Curativo	Detiene el desarrollo del patógeno en los tejidos de la planta; son eficaces a las 24 a 72 hdespués de la infección.
	Antiesporulantes	Previene el desarrollo de esporas. La enfermedad continúa desarrollándose pero el producto impide la liberación de las esporas.
Espectro de actividad	Unisitio	Actividad fúngica contra un solo punto en el metabolismo del hongo.
	Multisitio	Afecta diferentes sitios metabólicos dentro del hongo.

Fuente: Ayala (2008)

Descripción de fungicidas usados en esta investigación. En el presente estudio se seleccionaron solo seis fungicidas para evaluarlos *in vitro* contra el hongo *P. microspora*, causante de la antracnosis en guayabo; los cuales se describen a continuación.

Cuadro 10. Composición química de BENOMYL

Composición	% en peso
Ingrediente activo:	
benomil: metil-1 (butilcarbamoil) bencimidazol - 2- ilcarbamato. No menos de .... (Equivalente a 500 g de i.a. kg⁻¹)	50.0
Ingredientes inertes : Dispersantes, humectantes, secante y diluyente. No más de	50.0
Total	100.0
Fuente: Thomson (2012) ....

BENOMYL (benomilo).Es un fungicida con acción sistémica y de contacto; es residual; se aplica en aspersión para la prevención y control de diversas enfermedades fungosas(Cuadro 10) y es compatible con la mayoría de insecticidas y fungicidas comerciales (Thomson, 2012).

CERCOBIN(tiofanatometílico).Tiocarbamato sistémico con actividad fungicida, preventiva y curativa, por vía sistémica y por contacto sobre enfermedades producidas por hongos endo y ectoparásitos (Cuadro 11). Su espectro de actividad es extraordinariamente amplio e incluye, entre otras, enfermedades producidas por

Cuadro 11. Composición química de CERCOBIN

Composición	% en peso
Ingrediente activo:	
Tiofanato metílico: Dimetil -4, 4-0-fenilenbis (3-tioalofanato). No menos de ...	70.0
(Equivalente a 700 g de i.a. kg⁻¹)	
Ingredientes inertes :	
Humectantes, dispersantes, impurezas y compuestos relacionados. No más de	30.0
Total	100.0
Fuente: Thomson (2012).

Cuadro 12. Composición química de MANZATE

Composición	% en peso
Ingrediente activo:	
mancozeb: (producto de coordinación del ion zinc y etilenbisditiocarbamato de manganeso).No menos de	80.0
(Equivalente a 800 g de i.a. kg⁻¹)	
Ingredientes inertes :	
Coadyuvantes, humectantes. No más de ..	20.0
Total	100.0
Fuente: Thomson (2012).

hongos del tipo *Botrytis,* antracnosis, *cladosporiosis,* cribado, *Fusarium*, Monilia, moteado, oídios, royas y septoriosis (Thomson, 2012).

MANZATE (mancozeb). Es un fungicida de contacto y preventivo; proviene de la combinación del ion zinc con maneb (Cuadro 12). Se utiliza en dosis de 0.5 a 1 kg disueltos en 200 a 100 y de 50 a 60 L de agua ha^{-1}, para aplicarse con equipos terrestre y aéreo, respectivamente. El uso exclusivo de cualquier fungicida, puede conducir al desarrollo de razas resistentes de hongos que se manifiestan como una disminución en el nivel de control de las enfermedades (Thomson, 2012).

CUPRAVIT (oxicloruro de cobre). Es un polvo humectable (Cuadro 13); actúa contra varias enfermedades; es incompatible con varios productos alcalinos. Debe aplicarse preventivamente, antes que aparezcan o se detecten los primeros síntomas; puede utilizarse sin temor de inducir resistencia en patógenos y permite exportar la cosecha (Thomson, 2012).

ZINEB (etilen bis-ditiocarbamato de zinc).Es un fungicida ditiocarbámico formulado como polvo humectable, que se disuelve en agua para ser aplicado en forma de aspersión directa (Cuadro 14). Este producto actúa por contacto en la prevención y control de las enfermedades (Thomson, 2012).

CAPTAN (captan). Es un fungicida de contacto. Su composición química se muestra en el Cuadro 15. No es compatible con THIRAM (thiram), polisulfuros, compuestos

Cuadro 13. Composición química de CUPRAVIT

Composición	% en peso
Ingrediente activo:	
Oxicloruro de cobre. No menos de..........	85.0
(Equivalente a 850 g de i.a. kg-1)	
Ingredientes inertes :	
Diluyentes, humectantes y dispersantes. No más de	15.0
Total	100.0

Fuente: Thomson (2012).

Cuadro 14. Composición química de ZINEB

Composición	% en peso
Ingrediente activo:	
Etilen bis (ditiocarbamato de zinc). No menos de	80.0
(Equivalente a 800 g de i.a. kg^{-1})	
Ingredientes inertes :	
Diluyentes, humectantes y dispersantes. No más de..	20.0
Total	100.0

Fuente: Thomson (2012).

Cuadro 15. Composición química de CAPTAN

Composición	% en peso
Ingrediente activo:	
Captan: N- (triclorometil) tio-4 ciclohexen -1, 2 dicarboximida. No menos de	50.0
(Equivalente a 500 g de i.a. kg^{-1})	
Ingredientes inertes :	
Diluyente, humectantes, dispersante y compuestos relacionados. No más de	50.0
Total	100.0

Fuente: Thomson (2012).

mercuriales, DIAZINON (diazinon), cal y aceites agrícolas; no debe aplicarse en horas de calor intenso o cuando la velocidad del viento sea alta (Thomson, 2012).

Efecto de fungicidas químicos contra *Pestalotiopsis*. Esta enfermedad se puede prevenir con aspersiones foliares de productos a base de cobre en dosis de 300 a 400 g 100 L^{-1}de agua (López *et al.,* 1994*).*

En estudios realizados en la Hoya de Río Suárez para definir estrategias de control de la enfermedad, se encontró que el uso de Kasugamicin (kasumín), producto fungicida, efectuó un buen control porque disminuyo el avance de la enfermedad en frutos afectados, la incidencia y protección de los frutos sanos. La frecuencia de aplicación efectiva que con dosis de 3 mL L^{-1}de agua, hasta 30 días antes de realizar la cosecha. En general, para asperjar un árbol de altura promedio de 3 m, se requiere asperjar 1.5 L de solución fungicida (Insuasty *et al.,*2005).

López (1994) menciona que en la zona de Calvillo, Aguascalientes, la enfermedad del clavo se puede prevenir con la aplicación foliar de productos a base de cobre, como Cupravit® pH 85% (oxicloruro de cobre) en dosis de 300-400 g 100 L^{-1} de agua o Zineb® pH 80% (etilen bis ditiocarbamato de Zinc) 80 pH, utilizando 120-180 g 100 L^{-1}de agua.

Prakash y Pandey (2007) señalan que en La India, el control del clavo se logra con tres o cuatro aplicaciones de oxicloruro de cobre 0.3%, con intervalos de 15 días. En Costa Rica el combate de esta enfermedad se realiza con productos derivados del cobre, carbamatos y benomilo, después de la floración.

En pruebas "*in vitro*", se observó que el oxicloruro de cobre al 50% a dosis de 100g L^{-1} de agua no redujo el desarrollo de *Pestalotiopsis microspora,* mientras que el Clorothalonil 75% a dosis de 50 y 100 g L^{-1} de agua, tuvo el mejor resultado, con base en estos resultados, se concluyó que para el control de la enfermedad se puede utilizar Clorothalonil, o las combinación de mancozeb y metalaxyl, mancozeb o carbendazim (Ray *et al.,* 2007*).*

Kasar *et al.*,(2006) evaluaron *"in vitro"* productos fungicidas contra *Pestalotiopsis microspora;* concluyeron que la mezcla carbendazim+ thiram fue la más efectivapara inhibir el desarrollo micelial, seguida por clorothalonil y mancozeb; mientras que carbendazim,metalaxyl + mancozeby oxicloruro de cobre, no fueron efectivos contra el patógeno.

V. MATERIALES Y MÉTODOS

5.1 Características del área de estudio.

La presente investigación se llevó a cabo en el Laboratorio de Fitopatología del Centro de Estudios Profesionales del Colegio Superior Agropecuario del Estado de Guerrero (CEP-CSAEGro); ubicado en el kilometro 14.5 de la carretera Iguala-Cocula, entre las coordenadas 18° 14' 00'' latitud norte y 99° 40' 00'' longitud oeste del meridiano de Greenwich; a 640 m de altitud (Figura 10). En esta región predomina un clima tropical seco Awo (w) (i) g, con lluvias en verano. La precipitación y temperatura medias anuales son de 797 mm y 26.4 °C, respectivamente (García, 1973).

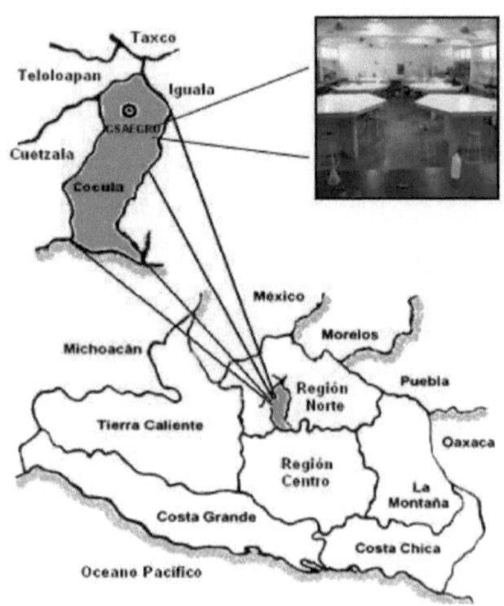

Figura 10. Localización del sitio experimental.

5.2 Muestreo en campo.

Se colectaron (9/02/14) muestras de frutos infectados de plantas de guayabo (Figura 11), en un huerto de la localidad de Tetipac, Gro. El material enfermo se guardó en bolsas de papel y se trasladó al laboratorio de Fitopatología.

Figura 11. Frutos infectados en planta de guayabo

5.3 Aislamiento y purificación del hongo.

Se utilizó la técnica de cámara húmeda para inducir la esporulación y/o crecimiento de micelio, en trocitos de tejidos enfermos, mediante el procedimiento siguiente: Los frutos infectados se lavaron con agua y jabón, se cortaron trocitos de 0.5 mm^2 incluyendo partes de tejido enfermo y sano, se desinfectaron con hipoclorito de sodio al 1% por 1 minuto, se enjuagaron tres veces en agua destilada esterilizada, se colocaron cinco trocitos sobre dos portaobjetos previamente flameados, dispuestos en forma de cruz sobre papel absorbente humedecido con agua destilada dentro de una caja Petri; después, ésta se selló y etiquetó con datos de: nombre, fecha y tipo de tejido; se incubó de 4 a 5 días a temperatura ambiente ($\pm$28 °C) en el laboratorio (Figura 12).

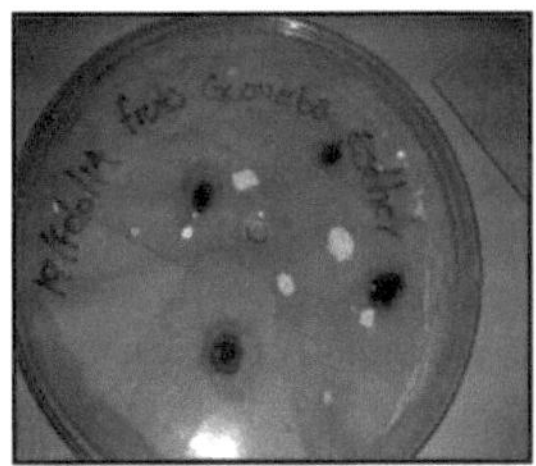

Figura 12. Preparación de cámara húmeda con tejido infectado, de fruto de guayaba, en caja Petri.

Los trocitos de tejido infectado colocados en las cámaras húmedas, se revisaron en el microscopio estereoscopio, se localizaron el micelio y los acérvulos del hongo; se tomaron muestras de conidios y se preparó una suspensión de éstos con agua esterilizada sobre un portaobjetos excavado; se transfirió con una asa bacteriológica, una muestra de la suspensión y se estrió sobre la superficie de PDA; se incubo 3 a 4 días, se inspeccionó el cultivo, se localizaron pequeñas colonias monospóricas; se seleccionó una, se cortaron puntas de hifas, se transfirieron a PDA y se obtuvo el cultivo monospórico del hongo (Tuite, 1969); que se conservó en un tubo de ensayo con PDA para utilizarlo en los ensayos posteriores (Figura 7).

5.4. Identificación morfológica del hongo.

De la cepa monospórica se tomaron muestras de micelio y conidios, se hizo una preparación en lactofenol, se colocó en el microscopio compuesto y se observaron las características de: forma, color y septación de estas estructuras (Figura 13), así como el tipo de cuerpos fructíferos producidos en el medio de cultivo; las cuales sirvieron de base para identificar al hongo, tomando como referencia las claves ilustradas de Barnett y Hunter (2000).

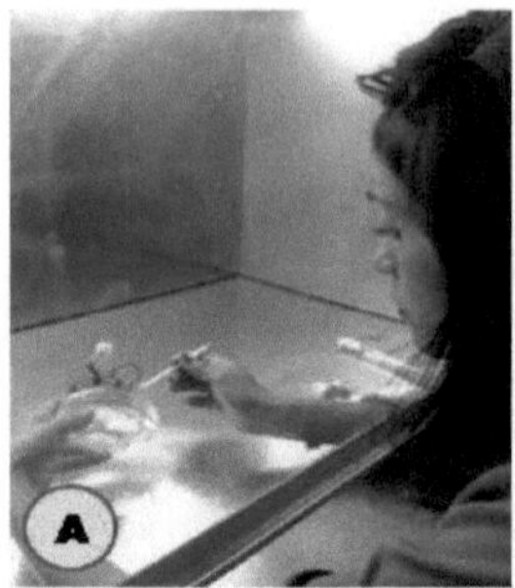
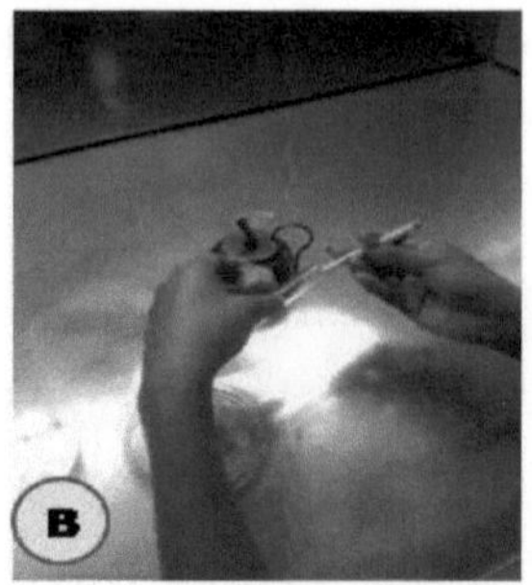

Figura 13. A) Siembra del hongo en PDA y B) Transferencia del hongo purificado a PDA en tubo de ensayo.

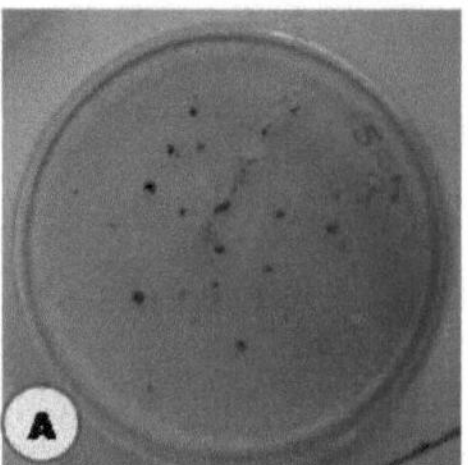
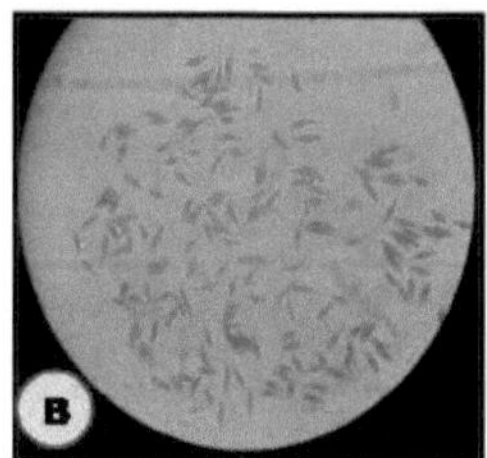
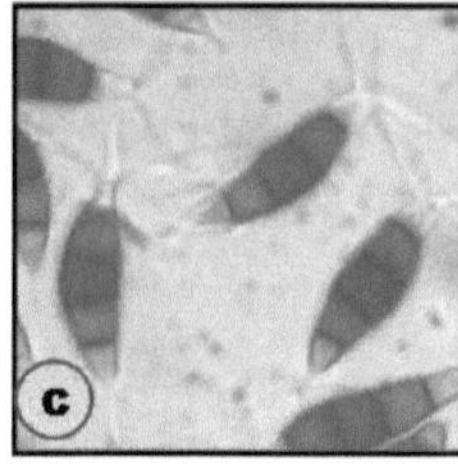

Figura 14. A) Hongo purific9786139404391ado acérvulos negros (A), conidios del hongo (B) (B: 40x; C:100x)

5.5. Identificación molecular del hongo. A partir del cultivo monospórico se realizo la extracción de ácido desoxirribonucleico miceliar, utilizando una muestra de 50 a 100 mg de micelio; se utilizó el kit DNeas y MR (Qiagen, 2012); se efectuaron 4 repeticiones. Se realizaron reacciones en cadena de polimerasa (PCR) universal para hongos con los oligos ITS-1fu 5'-tccgtaggtgaacctgcgg-3' e ITS-4 5'-5tcctccgcttattgatatgc-3' según White *et al.*, (1990); los cuales amplifican un espaciador intergénico interno (ITS) generando un producto de talla variable, aproximadamente entre 500 y 900 pares de bases (pb). Esta práctica se realizó en un volumen de 25 µL de una mezcla con amortiguador de reacción 1X, $MgCl_2$ 2 mM, dNTP's 200 nM de cada uno, 20 pmoles de cada oligonucleótido y 1 unidad de Taq DNA polimerasa. El programa térmico consistió en mantener una temperatura a 94°C durante 2 min, seguido de 35 ciclos a 94-55-72 °C durante 30-30-60 seg y una extensión final de 5 min a 72 °C. Los productos de las reacciones PCR se separaron por electroforesis en geles de agarosa a 1.5 %, y las bandas se observaron en un transiluminador de luz ultravioleta marca UVP y se fotografiaron. Los fragmentos amplificados por PCR fueron secuenciados directamente y se fotografiaron. Se compararon los resultados con las secuencias disponibles en el banco de genes (Gen

31

Bank) del Centro Nacional de Información Biotecnológica (NCBI) del Instituto Nacional de Salud (NIH) de EE.UU mediante un BLAS (Díaz *et al.*, 2015).

5.6 Prueba de patogenicidad.

Para comprobar la patogenicidad del hongo aislado, se realizaron los postulados de Koch, utilizando el material y las técnicas de inoculación siguientes:

Cultivo de hongo. La colonia del hongo cultivado en PDA tenía una edad aproximada de 1 mes, en donde se observaban acérvulos con masas oscuras de conidios.

Frutos sanos. Estos se obtuvieron de una huerta libre de la enfermedad. Se llevaron al laboratorio, primeramente se realizó la desinfestacion de la charola con ayuda de algodón con alcohol donde serían colocados; en el fondo se colocó una capa de algodón (Figura 13), que se humedeció asperjándola con agua destilada para que mantener la humedad favorable para la infección del hongo. Los frutos sanos se lavaron con agua y jabón, se limpiaron con alcohol (96%)y se expusieron ligeramente a la flama del mechero para asegurar la completa desinfección del epicarpio.

Hojas sanas. Se colectaron en la misma huerta de donde se obtuvieron los frutos, se escogieron las que estaban más sanas sin daños o síntomas de la enfermedad, se llevaron al laboratorio y se realizó el mismo procedimiento de limpieza que en los frutos.

A. Técnicas de inoculación en frutos. Se realizó como se indica a continuación

Tratamiento 1: Heridas con sacabocado. Se utilizó un sacabocado de 0.7 mm de diámetro, se presionó y giró suavemente para cortar y retirar parte del epicarpio en 4 lados (puntos cardinales); en cada orificio se inoculó con un disco (0.7 mm de diámetro) de PDA+hongo (Figura 15). Se hicieron 4 repeticiones.

Tratamientos testigo 1: heridas con sacabocados. Se hicieron con sacabocados las heridas en los 4 lados del fruto; se cortaron discos de PDA (sólo medio de cultivo) de igual diámetro y se colocaron cubriendo las heridas en los 4 sitios (Figura 15).Se hicieron 4 repeticiones.

Tratamiento 2: Heridas con aguja de disección. Se hicieron con aguja flameada, heridas en 4 sitios (puntos cardinales) del fruto; se preparó una suspensión de micelio y conidios en agua destilada esterilizada; para esto se utilizó un portaobjetos para raspar la superficie de PDA y desprender la colonia fungosa, se pasó a un vaso de precipitado, se aforó a 50 mL, se tomó 1 mL, se colocó una muestra en la cámara de Neubauer y se determinó la concentración de 6.8×10^6 conidios por mL; por último, se asperjó con un atomizador manual (1 L) el inoculo del hongo, cubriendo completamente el epicarpio del fruto (Figura 15). Se hicieron 4 repeticiones.

Tratamientos testigo 2: Heridas con aguja de disección. Se hicieron heridas en 4 sitios del fruto (puntos cardinales) y se asperjó con atomizador manual, agua destilada estéril cubriendo todo el fruto (Figura 15).Se hicieron 4 repeticiones.

Tratamiento 3: Aspersión de suspensión de conidios. La suspensión de inóculo contenida en el atomizador, se asperjó cubriendo completamente los frutos sanos(sin heridas) (Figura 15). Se hicieron 4 repeticiones.

Tratamiento testigo 3: Aspersión de agua destilada estéril. Con atomizador manual se asperjó sólo agua destilada estéril. Se hicieron 4 repeticiones.

Tratamiento 4: Inoculación con PDA + hongo. Se cortaron con el sacabocados, discos de 0.7 cm de diámetro, de la colonia de hongo cultivada en PDA; se inoculó depositando el inóculo sobre la superficie del fruto en 4 puntos cardinales (Figura 1). Se hicieron 4 repeticiones.

Tratamiento testigo 4: Inoculación con PDA. Se cortaron con el sacabocado, discos de 0.7 cm de diámetro, de medio de cultivo PDA (sin hongo);se depositaron sobre la superficie del fruto en 4 puntos cardinales (Figura 1).Se hicieron 4 repeticiones (Figura 15). Todos los frutos se colocaron sobre la capa de algodón dentro de la charola; ésta se cubrió con plástico transparente por 72 horas para favorecer la infección del hongo.

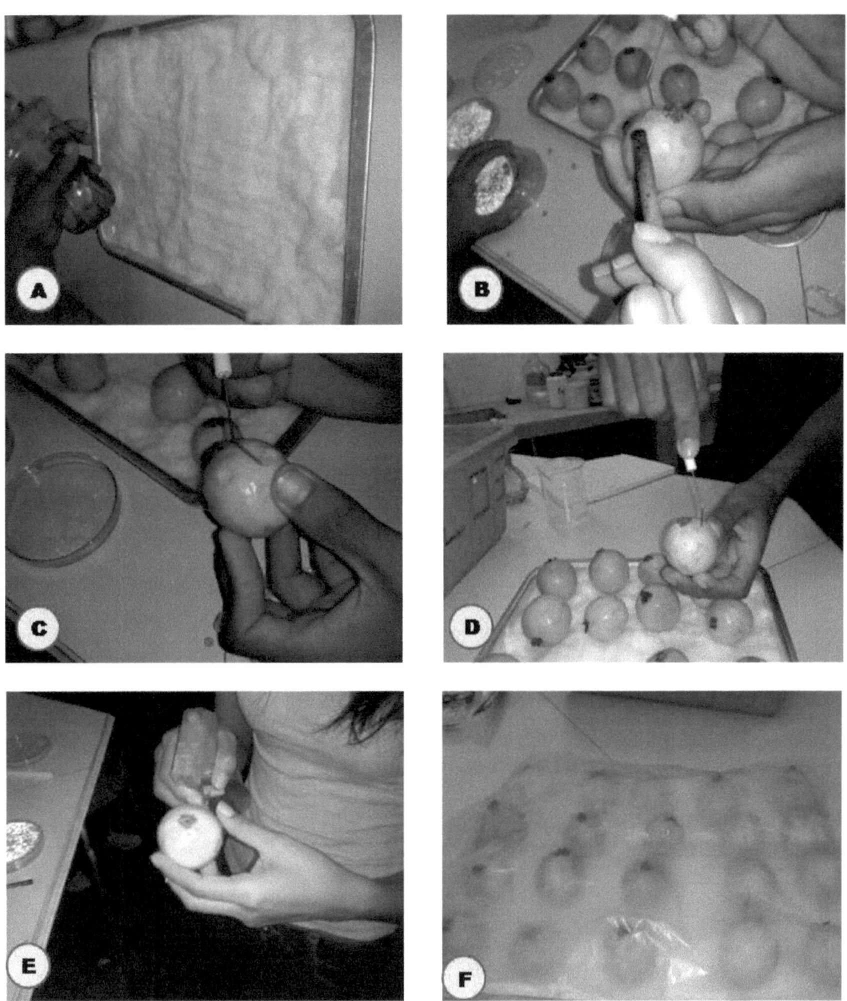

Figura 15. A) Colocación del algodón en la charola. B) Colocación del PDA en el fruto C) Hongo en fruto con heridas de sacabocado D) Hongo en el fruto con heridas de la aguja E) Aspersión de la suspensión de inóculo Y F) Charola con frutos cubierta con plástico.

B. Técnicas de inoculación en hojas. Se realizó el procedimiento que se describe a continuación:

Tratamiento 1: Heridas con sacabocado. Con el sacabocado de 0.7 mm de diámetro, se presionó y giró suavemente para cortar y retirar el tejido, en tres sitios del haz de la hoja; en donde se inocularon trocitos del mismo tamaño, de PDA+ hongo, los cuales se fijaron con cinta adhesiva (Figura 16). Se hicieron 4 repeticiones.

Tratamiento testigo 1: Heridas con sacabocado. Con el sacabocado se cortó el tejido en tres sitios del haz de la hoja; en donde se colocaron trocitos del mismo tamaño, de PDA solo (sin hongo), los cuales se fijaron con cinta adhesiva (Figura 16). Se hicieron 4 repeticiones.

Tratamiento 2: Heridas con aguja de disección. Se hicieron con aguja flameada, heridas en el haz de la hoja; y sobre éstas se colocaron trocitos de PDA+hongo, los cuales se fijaron con cinta adhesiva (Figura 16). Se hicieron 4 **Tratamiento testigo2: Heridas con aguja de disección.** Se hicieron con aguja flameada, heridas en el haz de la hoja; y sobre ellas se colocaron trocitos sólo de PDA sin hongo (Figura 16). Se hicieron 4 repeticiones.

Tratamiento 3: Inoculación con aspersión de conidios. La suspensión de inóculo se asperjó con atomizador sobre el limbo de hojas sanas sin heridas (Figura 16).Se hicieron 4 repeticiones.

Tratamiento testigo 3: Aspersión de agua destilada estéril. Ésta se asperjó con atomizador sobre el limbo de hojas sanas sin heridas (Figura 16).Se hicieron 4 repeticiones.

Tratamiento 4: Inoculación con PDA + hongo. Se cortaron discos de PDA + hongo, se colocaron 4 discos sobre el haz de la hoja sin heridas (Figura 16). Se hicieron 4 repeticiones.

Tratamiento testigo 4. Aplicación de PDA. Se cortaron discos de PDA puro sin hongo, se colocaron 4 discos sobre el haz de la hoja sin heridas (Figura 16). Se hicieron 4 repeticiones. Todas las hojas se colocaron sobre la capa de algodón dentro de la charola; ésta se cubrió con plástico transparente por 72 horas para favorecer la infección del hongo.

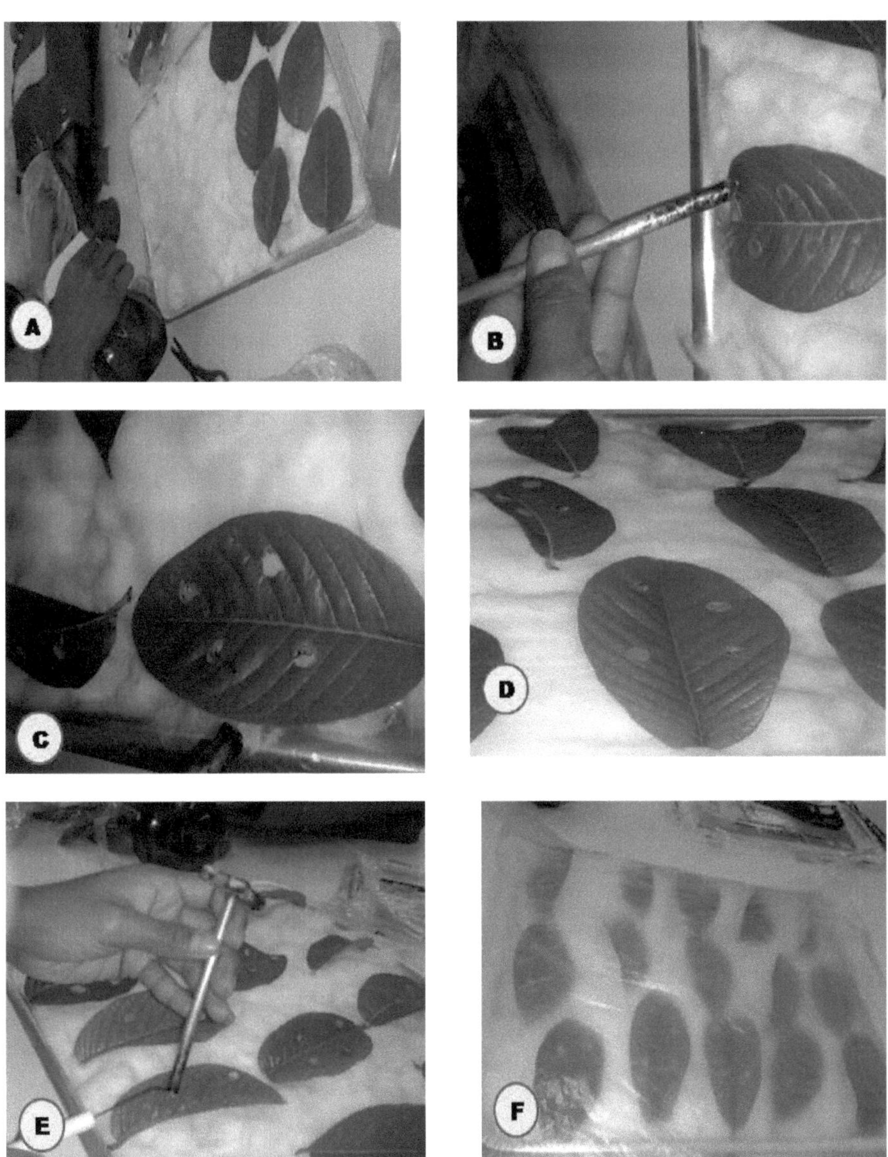

Figura 16. A) Colocación de hojas sobre algodón en la charola. B) Colocación del PDA en la hoja C) Hongo en la Hoja con heridas del sacabocado D) Hongo en la hoja con heridas de la aguja E) Aspersión de la suspensión de inóculo y F) Charola con hojas cubierta con plástico.

5.7 Ensayo I. Efecto de metabolitos de *Trichoderma* spp., contra el hongo asociado al clavo de la guayaba.

Tratamientos. Los tratamientos evaluados se describen en el Cuadro 16.

Obtención de cepas de Trichoderma spp. Todas las especies probadas en este experimento se prepararon en cultivo puro, utilizando la metodología siguiente:

Aislamiento e identificación de la cepa nativa. En el huerto donde se colectaron los frutos enfermos; también se obtuvo una muestra de 500 g de suelo para realizar el aislamiento de la cepa nativa de *Trichoderma* sp., con la técnica de dilución en placa (caja Petri) descrita por Tuite (1969), que consistió en pesar 1 g de suelo y transferirlo a un tubo de ensayo con 9 mL de agua destilada esterilizada, se agitó vigorosamente para homogenizar la muestra, se tomó 1 mL y se pasó al segundo tubo con 9 mL de agua, se removió nuevamente, se paso 1 mL al tercer tubo, éste también se sacudió, después se tomó una alícuota de 1 mL y se distribuyó con una varilla de vidrio sobre la superficie de PDA solidificado; se hicieron tres repeticiones; se incubó de 4 a 5 días a temperatura ambiente de $\pm$ 28 °C en el laboratorio; se inspeccionaron las cajas, se localizaron colonias verdosas con características de *Trichoderma;* de una de ellas se tomaron puntas de hifas (Singleton *et al.*, 1992) y se transfirieron a PDA en caja Petri (Figura 14), para obtener el hongo benéfico en cultivo puro, el cual se conservó en PDA en tubo de ensayo.

Cuadro 16 . Tratamientos utilizados en el Ensayo I

N° de Tratamiento	Tratamiento o producto comercial	Ingrediente activo
T1	*Testigo*	-
T2	*Trichoderma* sp. (cepa nativa Tetipac)	-
T3	*T. fasciculatum* Bissett	FITHAN
T4	*T. reesel* Simmons	, BACTIVA
T5	*T. asperellum* (cepa Chilapa)	Chilapa
T6	*Trichoderma sp.*	BIOBRAVO
T7	*T. asperellum* (cepa Cocula)	Cocula

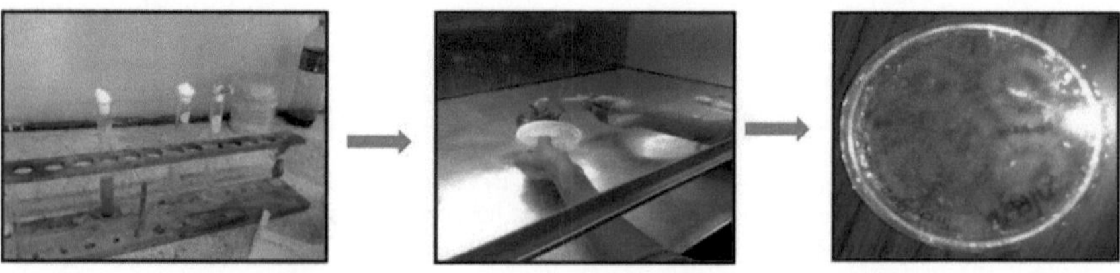

Figura 17. Aislamiento y purificación de la cepa nativa de *Trichoderma sp.*

Para llevar a cabo la identificación de esta cepa nativa, se hizo una preparación en lactofenol, de la colonia de hongo purificado, se observaron en el microscopio compuesto las características morfológicas de micelio, conidióforos, fiálides, conidios y clamidosporas, y se identificó el hongo a nivel de género, utilizando las claves de Barnett y Hunter (1998) y Watanabe (2000).

Aislamiento decepas comerciales. Se utilizaron cepas de los productos Natu-Control (*T. harzianum* cepa BK-Th001) y PHC ROOTMATE (*T. virens)*; las cuales se activaron y purificaron mediante la técnica (dilución en placa) descrita anteriormente y se mantuvieron en PDA en tubo de ensayo.

Cepas de laboratorio. Se utilizaron dos cepas de *T. asperellum* (Chilapa y Cocula), las cuales se mantienen en PDA en tubo de ensayo refrigerado, en el laboratorio de Fitopatología. Se reactivaron cultivándolas en PDA.

Preparación de PDA. Se licuó PDA previamente preparado, se agregaron dosis de 20 mL por tubo de ensayo de 50 mL de capacidad (42 tubos); a este se puso tapa de algodón, que se cubrió con otra de papel aluminio sujetada con una liga de hule, se colocaron todos los tubos en una gradilla dentro de la olla de presión, se esterilizaron a 15 libras/pulgada^2;se vaciaron los 20 mL de PDA de cada tubo en la caja Petri; se dejó enfriar y solidificar el medio para utilizar le técnica de papel celofán.

Técnica de papel celofán. Se utilizó papel celofán comercial dulce; se cortó en círculos de 9 cm de diámetro, igual que la superficie de la caja Petri; se esterilizó junto con los tubos de ensayo, se colocó una pieza sobre la superficie de PDA en la caja. Por otra parte, se utilizaron cultivos puro de *Trichoderma* spp., de 5 días de edad, de las cuales, se cortaron con un sacabocados de 0.5cm de diámetro, discos de la colonia del hongo, se colocaron en el centro de la superficie del medio en la caja; se incubaron 48 horas, se removió con pinzas lentamente el papel con la colonia de *Trichoderma spp;* con el propósito de conservar difundidos en el medio de cultivo, los metabolitos secundarios producidos por el hongo benéfico y, enseguida, para probar el efecto de ellas sobre el patógeno, en la

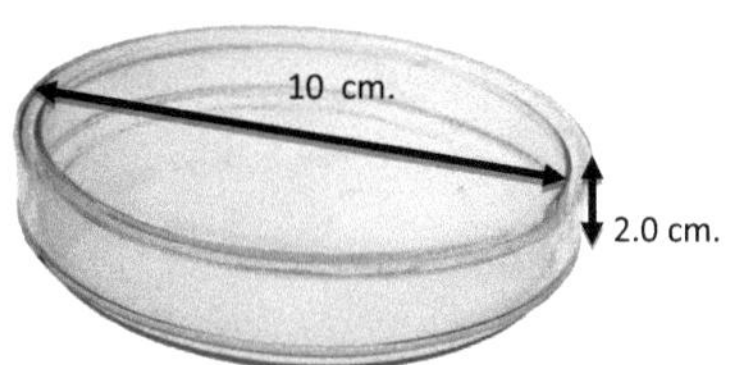

Figura 18 . Unidad experimental (caja Petri)

misma caja, se colocaron discos de PDA (0.5 cm de diámetro) + hongo, se incubaron a temperatura ambiente de $\pm28°C$, en el laboratorio y se midió cada 24 horas el crecimiento miceliar del patógeno, por tratamiento.

Diseño y unidad experimental. Los siete tratamientos se distribuyeron sobre una mesa en el laboratorio, de acuerdo con el diseño experimental completamente al azar con seis repeticiones. La unidad experimental fue una caja Petri de 10 cm de diámetro y 2.0 cm de altura (Figura 18).

Variables de estudio. Para conocer el efecto de los tratamientos evaluados, sobre el desarrollo de la colonia del hongo investigado, se midieron las variables de respuesta siguientes:

<u>Diámetro de la colonia del hongo</u>. Se hicieron mediciones cada 24 h, durante 10 días (240 h).

<u>Porcentaje de inhibición de la colonia del hongo.</u> Se calculó con la ecuación.

$$\% \text{ de inhibición} = (D_1 \text{-} D_2) / D_1) \, 100$$

Donde:

D_1= diámetro de la colonia del patógeno creciendo en cajas con PDA (testigo)

D_2= diámetro de la colonia del patógeno creciendo en la caja Petri con PDA, donde anteriormente se desarrolló *Trichoderma spp.*, sobre el papel celofán, y liberó enzimas y metabolitos secundarios en medio de cultivo.

Analisis estadístico. En los datos del diámetro de las colonias del hongo donde se obtuvieron valores de cero, se hicieron transformaciones mediante fórmula: $\sqrt{X + 0.5}$ (Reyes, 1981); después se realizó el análisis de varianza, utilizando el paquete estadístico Statistical Analysis System (SAS, 2014), de acuerdo al diseño experimental completamente al azar (Steel y Torrie, 1998) y el modelo estadístico siguiente:

$$Y_{ij} = \mu + t_i + e_j$$

Dónde:

Y_{ij} = Respuesta de la j-esima unidad experimenta, con el i-ésimotratamiento.

i = Subíndice de tratamiento

j = Subíndice de repetición

μ = Media general

t_i = Efecto del i-ésimo tratamiento

e_j = Error experimental de la j-ésima repetición del i-ésimo tratamiento

Las variables que mostraron el efecto significativo de los tratamientos, se sometieron a una prueba de comparación múltiple de medias utilizando el método de Tukey (α ≤ 0.05).

5.8. Ensayo II. Efecto de extractos vegetales contra el hongo asociado al clavo de la guayaba

Tratamientos. Se evaluaron los tratamientos presentados en el Cuadro 17.

Preparación de PDA con extracto vegetal. Se midió la dosis de cada extracto vegetal, se depositó en el fondo de la caja Petri; enseguida, se agregaron 20 mL de PDA, se agitó suavemente para homogenizar la mezcla, se dejó enfriar y solidificar el medio de cultivo; se sembró el hongo en el centro de la caja con PDA; se incubó a temperatura ambiente de ± 28 ºC en el laboratorio y se registró cada 24 horas el crecimiento del hongo (Figura 16).

Cuadro 17. Tratamientos con extractos vegetales utilizados en el Ensayo II

No.	Tratamiento y Nombre Comercial	Ingrediente activo	Dosis* mLL^{-1}	Dosis* $mL20mL^{-1}$de PDA
1.	Testigo	-	0	0
2.	CINNOIL	*Cinnamomuncassia* L. y *C.zeylanicum*L.	5 – 10	0.2
3.	CAPSIOIL	*Allium sativum*L.y *C.zeylanicum*L.	5 – 10	0.2
4.	LIPPOIL	*Lippiagraveolens*Kunthy L. *berlanderi*Schawer.	5 – 10	0.2
5.	BIOCANELA	*C.zeylanicum*L	5 – 10	0.2
6	EXTRACTO DE NEEM	*Azadirachta indica*A.Juss.	10 – 20	0.4
7	EXTRACTO DE AJO	*Alliumsativum*L.	10 – 20	0.4

Nota. Los fungicidas se utilizaron en las dosis recomendadas por el fabricante (DEAQ, 2015)

Diseño y unidad experimental. Los siete tratamientos se distribuyeron sobre una mesa en el laboratorio, el diseño experimental y la unidad experimental fueron similares a las in dicadas en el Ensayo I (Figura 18 y19)

Variables de estudio. Para conocer el efecto de los productos orgánicos, sobre el desarrollo del hongo patógeno, se midieron las mismas variables descritas en el Ensayo I.

Análisis estadístico. Se realizó de la misma forma que en el Ensayo I.

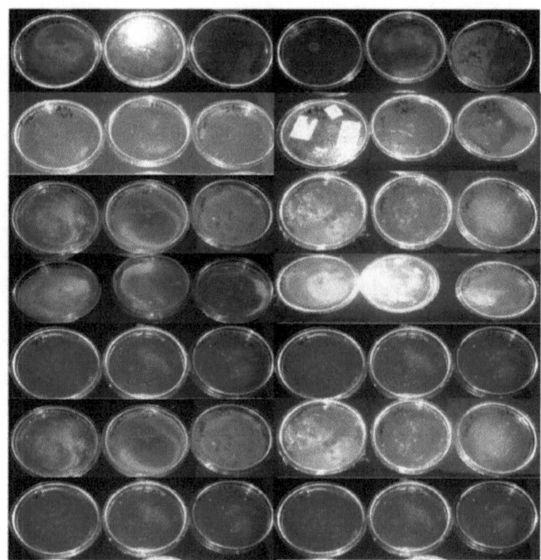

Figura19. Distribución de los 7 tratamientos con6 repeticiones en un diseño experimental completamente al azar.

5.9. Ensayo III. Efecto de fungicidas químicos contra el hongo patógeno

Tratamientos .Se evaluaron los tratamientos indicados en el Cuadro 18.

Cuadro 18. Tratamientoscon fungicidas químicos utilizados en el Ensayo III

No.	Fungicidas		Dosis	
	N. comercial	Ingrediente activo	ha*	20mL⁻¹de PDA
1.	TESTIGO	-	-	-
2.	BENOMIL	*benomilo*	60 – 90 g	0.012 g
3.	CERCOBIN	*tiofanato metílico*	50- 90 g	0.06 g
4.	MANZATE 200	*mancozeb*	1.5 – 3 kg	0.03 g
5.	CUPRAVIT	*sulfato de cobre*	1 kg	0.2 g
6.	ZINEB	*etilen bis ditiocarbamato de zinc*	1 kg	0.2 g
7.	CAPTAN	*captan*	250 – 350 g	0.05 g

Nota. Los fungicidas se utilizaron en las dosis recomendadas por el fabricante (DEAQ, 2015)

Preparación de PDA con fungicida. Se pesó la dosis de cada fungicida, se depositó en el fondo de la caja Petri; enseguida, se agregaron 20 mL de PDA, se agitó suavemente para homogenizar la mezcla, se dejó enfriar y solidificar el medio de cultivo; se sembró el hongo en el centro de la caja con del PDA; se incubó a temperatura ambiente de $\pm$ 28 °C en el laboratorio y se registró cada 24 horas el crecimiento del hongo.

Diseño y unidad experimental. Los siete tratamientos se distribuyeron sobre una mesa en el laboratorio (Figura 16), se utilizó el mismo diseño y unidad experimental que en el Ensayo I.

Variables de estudio. Se midieron las mismas variables descritas en el Ensayo I.

Análisis estadístico. Se realizó como se indicó en el Ensayo I.

VI. RESULTADOS Y DISCUSIÓN

6.1 Identificación de *Pestalotia microspora* Speg.

Morfológica. De las muestras de frutos con lesiones necróticas, se aisló, purificó e identificó a nivel género a *Pestalotiopsis* (=Pestalotia) que se caracteriza porque desarrolla micelio blanco algodonoso, que al madurar produce abundantes acérvulos negros en disposición radial aleatoria o en círculos concéntricos (Figura 20A), sobre la superficie de PDA. Presenta conidios con 5 septas, de coloración blanquecina, pero cuando envejecen las células más grandes de la parte central, se tornan oscuras. Los conidióforos hialinos, irregularmente ramificados, son septados, lisos y cortos; producen conidios oscuros, rectos o ligeramente curvados, elipsoidales o fusiforme (Figura 20B y 20C), que poseen seis células, con la basal y terminal hialinas; la última de éstas es puntiaguda con dos o más apéndices apicales hialinos. Estas características morfológicas son similares a las descritas para el género *Pestalotia* por Barnnett y Hunter (1998).

Molecular. Se logró la amplificación del ADN del hongo con ambos juegos de primeras: ITS y

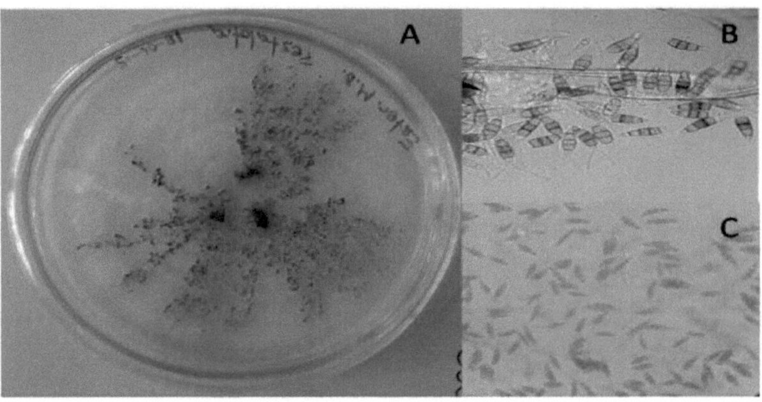

Figura 20. A) Colonia de *P.microspora* en PDA, B) Conidios observados al microscopio 100X, y C) Conidios observados al microscopio 140X.

factor de elongación, obteniendo una talla de 550 a 615 pares de bases (pb) (Figura 21). Al comparar las secuencias obtenidas en el presente trabajo con aquellas disponibles en el GenBank, se encontraron similitudes de 99 con secuencias previamente reportadas de *P. microspora* (Cuadro 19). Las secuencias basadas en el gen del factor de elongación fueron precisas en la identificación a nivel de especie; este resultado corroboró la veracidad de la identificación morfológica.

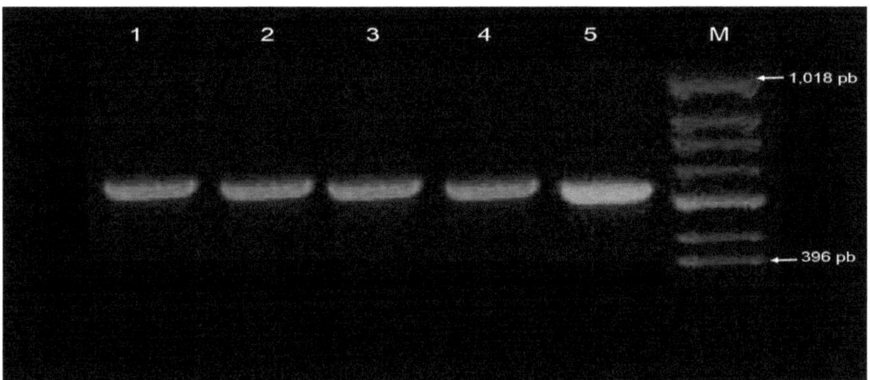

Figura 21. Amplificación por PCR del factor de elongación (carriles 1 al 4) y la región ITS (carril 5) obtenida a partir de ADN de aislamientos de *P. microspora*. M= Marcador de peso molecular. Las flechas señalan la talla del marcador de peso molecular.

Cuadro 19. Identificación por PCR-ITS de genes ribosomales del hongo aislado de frutos de guayaba (*Psidium guajava* L.) basada en la comparación de sus secuencias con la base de datos del National Center for Boitechnology Information©

Identificación molecular	Índice de similaridad (%)	Accesión
P. microspora	99	JK436800.1
P. microspora	99	AY924266.1
P. microspora	99	DQ001002
P. microspora	99	HM595547.1

©GenBank2015.

6.2 Prueba de patogenicidad (postulados de Koch)

Este ensayo permitió comprobar que el aislamiento purificado de *P. microspora* es patogénico, porque provoca los síntomas típicos de antracnosis cuando se inocula en frutos y hojas sanos de guayaba (Figura 22). Se encontró que la mayor severidad de la enfermedad se desarrolló en frutos y hojas inoculadas con PDA + hongo en tejido con heridas del sacabocado en frutos y en hojas con heridas de la aguja de disección; asimismo, los síntomas tardaron de 10 a 15 días en desarrollarse en las hojas inoculadas sin heridas. Los frutos y hojas utilizadas como tratamientos testigo, como se esperaba, permanecieron sanos. El reaislamiento del hongo efectuado a partir del tejido infectado artificialmente, presentó las

44

mismas características que el aislamiento originalmente inoculado, con lo que se cumplió el protocolo de los postulados mencionados (Bauer, 1984). Los síntomas presentados en hojas con heridas fueron similares a los obtenidos por Keith *et al.* (2006) quienes reportaron que la mayor incidencia se presentó 19 días después de la inoculación.

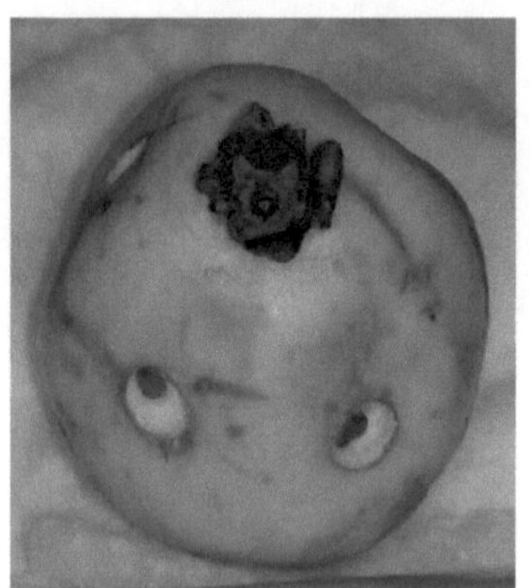

Figura 22. Síntomas de antracnosis en fruto y hojas

6.3 Identificación de la cepa nativa de *Trichoderma sp.*

De las muestras de suelo se aisló, purificó e identificó a *Trichoderma sp.*, cuyas colonias se caracterizan porque presentan micelio blanquecino, de crecimiento rápido y, conforme maduran, forman abundantes cojines aéreos verdes de conidios; soportados por conidióforos hialinos, muy ramificados, no verticilados, con fiálides individuales o agrupadas en pequeños racimos terminales y que a veces forman anillos concéntricos (Figura 23). Los conidios son ovoides, hialinos y unicelulares. La superficie de la colonia es blanca algodonosa inicialmente, con el tiempo comienza a esporular abundantemente en la zona periférica, exhibiendo masas de conidios de color blanco, que luego se tornan verde

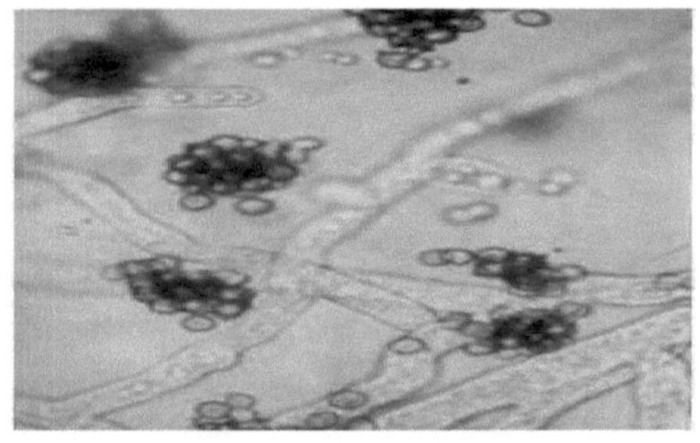

Figura 23. Conidióforos, micelio y esporas agrupadas en masas de la cepa nativa de *Trichoderma sp.* (100x).

grisáceo. Estas características morfológicas observadas, coinciden con las mencionadas para *Trichoderma* sp. por Barnett y Hunter (1998) y Wantanabe (2002).

6.4. Ensayo I: Efecto de metabolitos de *Trichoderma* spp., contra el hongo asociado al clavo de la guayaba

Los datos de este ensayo en cada una de las evaluaciones se muestran en el cuadro A-9 a A-18 del apéndice. La variable de estudio presentó evidencia altamente significativa (P<0.0001), en todas las fechas de medición del crecimiento de las colonias del patógeno (Cuadro 20). Las cepas *T. reesei* y *T. asperellum* (Cepa Cocula), inhibieron completamente el crecimiento de *P.microspora*; en todas las fechas de muestreo porque los metabolitos de estas dos especies mantuvieron su mayor efectividad de inhibición del patógeno desde el principio del ensayo hasta la última fecha de evaluación, realizada a los 10 días al finalizar el experimento (Cuadro 18). En el tratamiento testigo, el hongo creció a una tasa de 0.835 cm dia^{-1} (Figura 22). Al final del ensayo, en los tratamientos *T. asperellum* (cepa Chilpa), *Trichoderma* sp.,(cepa Tetipac), *T. fasciculatum* y *Trichoderma* sp., se obtuvieron promedios de 6.38, 6.35, 4.30 y 7.35 cm de diámetro de las colonias de *P. microspora*, respectivamente (Cuadro 18). Las especies *T. asperellum* (cepa Cocula) y *T. reesei* presentaron efectividad biológica de 100% (Figura 24).De acuerdo con reportes de Infante *et al.,* (2009) la antibiosis de las especies de *Trichoderma* se basa en la producción de metabolitos toxicos y antibióticos como la gliotoxina, viridina, trichodermina, suzukacilina, alameticina, dermadina, trichotecenos y trichorzianina; que son responsables de inhibir el crecimiento de hongos fitopatógenos.

Cuadro 20. Comparación de los valores promedios del diámetro de las colonias de *P. microspora* en todas las fechas de evaluación, en el Ensayo I

N°	Trat.	Fecha									
		1	2	3	4	5	6	7	8	9	10
1	Testigo	1.15a	1.7a	2.2a	2.7a	4.1a	4.9a	5.5a	6.4a	7.4a	8.3a
2	*Trichoderma* sp. (Cepa Tetipac)	0.95b	1.4a	1.8ab	2.2a	2.7b	3.2b	3.7c	4.4c	5.1c	6.4c
3	*T. fasciculatum*	0.0c	0.6b	1.0c	1.4b	1.6c	1.9c	1.9d	2.9d	3.6d	4.3d
4	*T. reesei*	0.0c	0.0c	0.0d	0.0c	0.0d	0.0d	0.0e	0.0e	0.0e	0.0e
5	*T. asperellum (cepa Chilapa)*	0.0c	0.95b	1.3bc	2.1ab	2.5bc	3.2b	4.1bc	5.1bc	5.9bc	6.4c
6	*Trichoderma. spp*	0.95b	1.4a	2.0a	2.5a	3.2b	4.1ab	5.1ab	5.9ab	6.4b	7.4b
7	*T. asperellum (cepa Cocula)*	0.0c	0.0c	0.0d	0.0c	0.0d	0.0d	0.0e	0.0e	0.0e	0.0e

Nota. Los valores promedios en la columna, con las mismas literales, no son estadísticamente diferentes.

En un trabajo de investigación realizado por Barman *et al.* (2015) evaluaron diferentes cepas de *Trichoderma* entra ellas *T. reesei*, en el control de *Pestalotiopsis theae*; los autores reportaron que la máxima inhibición en dicho trabajo fue de 72.4% con *T. viride*, el resultado obtenido con la cepa *T. reesei* fue de 65.2%; los porcentajes de inhibición reportados son diferentes e inferiores a los obtenidos en el presente estudio en donde con la cepa *T. reesei* se registró un 100% de inhibición.

Con respecto a la cepa *T. asperellum* cepa Csaegro, esta ha sido evaluada con aislamientos de *Rhizoctonia solani* y *Phytophthora capsici* en condiciones *in vivo* y se ha observado que retrasa la presencia de dichos patógenos entre 4 y 6 días, cuando se inocula en frutos de calabaza pipiana (Díaz *et al.*, 2014; Díaz *et al.*, 2015). Existen amplios reportes sobre el biocontrol de diferentes hongos fitopatógenos mediante el uso de cepas de *Trichoderma* spp., (Barman *et al.*, 2015; Talla *et al.*, 2015). Sin embargo en *Pestalotiopsis microspora* existe poca información.

Ortiz (2015), señala que *T. reesei, T. fasciculatum* y *Trichoderma spp.,* lograron inhibir el crecimiento de la colonia fungosa, ya que estos contienen metabolitos secundarios que ayudan a evitar el crecimiento.

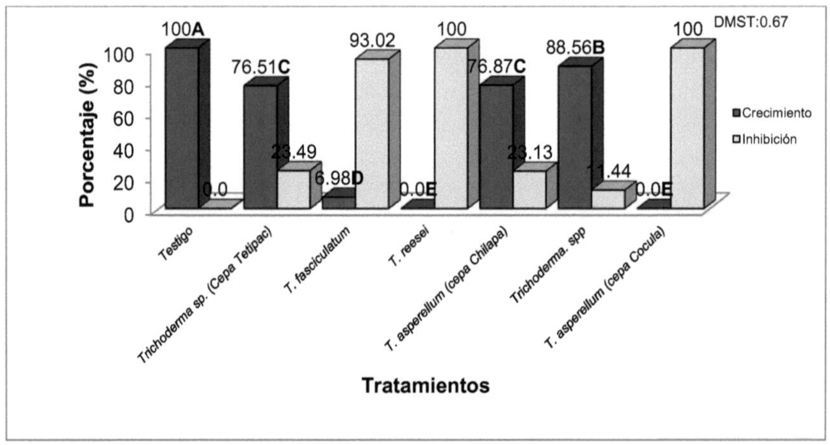

Figura 24. Porcentaje de crecimiento e inhibición (efectividad biológica) de las colonias *P. microspora*, en el Ensayo I. DMST (Diferencia mínima significativa de Tukey)

6.5. Ensayo II: Efecto de extractos vegetales contra el hongo asociado al clavo de la guayaba.

Durante las 10 fechas de medición del crecimiento de las colonias del hongo patógeno, se encontraron diferencias altamente significativas (Cuadros A-19 a A-28 del apéndice); porque el extracto de neem desde la fecha 1 hasta la 10, fue el que más inhibió el desarrollo del patógeno (Cuadro 21). Al final del experimento, se registran promedios, en orden creciente de 6.5, 6.6, 6.7, 7.2 y 7.4 en Biocanela, ajo, Lippoil, Capsioil y Cinnoil, respectivamente (Figura 25).

En las unidades experimentales del tratamiento testigo, se notó que el hongo tuvo una tasa promedio de crecimiento de 0.81 cm dia^{-1}; de tal forma que, a las 240 h logró cubrir en su totalidad la caja Petri con PDA con un diámetro de 8.1 cm. Al final de este ensayo, se determinó que los extracto probados tiene efecto fungistático, porque retrasan pero no suprimen el crecimiento de las colonias de *P. microspora*. Al final del ensayo, la media general fue de 2.58 cm. En un ensayo similar, Ortiz (2015) comparó la efectividad biológica de extractos orgánicos sobre *Pestalotiopsis* sp., los mis extractos en el mismo hongo donde se obtuvieron resultados diferentes en su investigación el extracto de Lippoil resulto que logro

Cuadro 21. Comparación de los promedios del diámetro de las colonias de *P. microspora* en 10 fechas de evaluación, en el Ensayo II

N°	Trat.	Fecha*									
		1	2	3	4	5	6	7	8	9	10
1	Testigo	1.2a	1.5a	2.6b	3.3ab	4.0a	4.9a	5.6a	6.4a	7.4a	8.1a
2	Cinnoil	0.5b	0.7b	2.8b	3.4ab	3.8a	4.4a	4.9a	5.6a	6.4a	7.4a
3	Capsioil	1.2a	1.5a	2.6b	3.3ab	3.7a	4.3a	5.1	5.8a	6.7a	7.2a
4	Lippoil	1.2a	1.5a	4.0a	4.0a	4.0a	4.4a	4.9a	5.8a	6.5a	6.7a
5	Biocanela	0.0c	0.5bc	1.7c	2.7b	3.3a	3.9a	4.7a	5.3a	5.9a	6.5a
6	Neem	0.0c	0.0c	0.5d	0.7c	0.9b	1.3b	1.8b	2.3b	2.8b	2.8b
7	Allioil	0.7b	1.5a	3.3ab	3.7a	3.7a	4.2a	4.8a	5.6a	6.2a	6.6a

Nota. Los valores promedios en la columna, con las mismas literales, no son estadísticamente diferentes, *. Los datos se registran cada 24 h.

inhibir el crecimiento de la colonia fungosa. En el presente estudio los extractos de neem, canela y ajo registraron la mayor inhibición, 35.30, 23.53, 22.36%, derivada de una acción fungistática, estos datos contrastas con Barman *et al.* (2015), quienes con aceite de neem reportaron100% en *Pestalotiopsis theae*; lo encontrado en el presente ensayo difiere a lo reportado por Bhuvaneswari *et al.* (2010) quienes con extracto de neem encontraron un 55.55% de inhibición sobre *Pestalotiopsis palmarum*.

De igual manera, con el extracto de canela Bhuvaneswari *et al.,* (2010) encontraron 100% de inhibición en *P. palmarum*, ese dato es superior a la inhibición encontrada en este estudio. El efecto de extractos de *Cinnamomun* sp. se ha estudiado contra especies del género *Colletotrichum*, se ha reportado por Maqbool *et al.,* (2011) e Idris *et al.,* (2015) y lo recomiendan como una alternativa en el control de enfermedades causadas por hongos fitopatógenos. El extracto de ajo también fue evaluado por Bhuvaneswari *et al* (2010) y Barman *et al.,* (2015), los primeros autores citan que con *Allium sativum* encontraron una inhibición del 60%, los segundos autores reportan un efecto fungistático ejercido por el extracto de *Allium sativum* sobre *Pestalotiopsis theae*.

6.7.

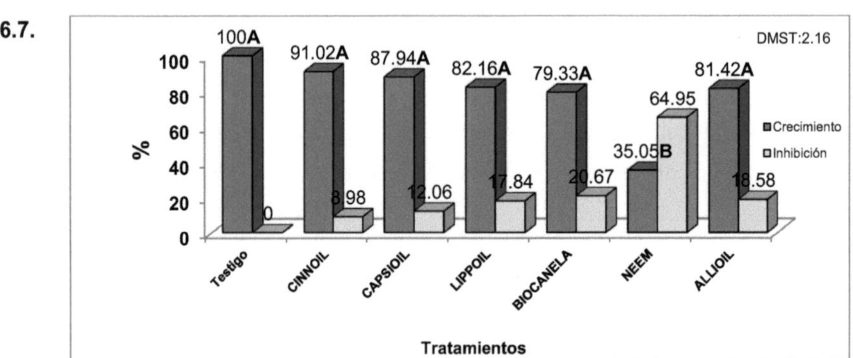

Figura 25. Porcentaje de crecimiento e inhibición de *P. microspora,* en los cinco tratamientos del Ensayo II. DMST (Diferencia mínima significativa de Tukey).

Ensayo III: Efecto de fungicidas químicos contra el hongo patógeno

La información correspondiente al crecimiento miceliar en cada uno de los muestreos realizados por tratamiento se encuentran en los Cuadros A-29 a A-39 del apéndice; En todas las fechas de evaluación se observaron diferencias altamente significativas (P<0.0001). En los tratamientos Manzate y Captan ejercieron actividad fungicida sobre el patógeno en todas las evaluaciones dado que no permitieron el crecimiento, inhibieron 100% a *P. microspora* (Cuadro 22). EL cupravit no permitió el crecimiento de *P. microspora* en la primera y segunda evaluación; en las demás evaluaciones ejerció una actividad fungistática; en los tratamientos benomilo, cercobin y zineb se obtuvieron promedios de 6.35, 4.30 y 7.35 cm de crecimiento

49

del patógeno. En el tratamiento testigo el patógeno creció a una tasa promedio de 0.83 cm dia^{-1}, en un periodo de tiempo de 240 h las colonias de *P. microspora* tenían 8.5 cm de diámetro; valor igual al diámetro que tiene la caja Petri con PDA.

Con los fungicidas Manzate y Captan se obtuvo una efectividad biológica de 100%; mientras que en los tratamientos Benomilo, Cercobin, Cupravit y Zineb se obtuvieron 23.50, 48.70 y 11.45 %, de efectividad, respectivamente (Figura 26).

Los resultados obtenidos en esta investigación demostraron que el aislamiento de

P. microspora es altamente sensible a los

Cuadro 22. Valores promedios del diámetro de las colonias de *P. microspora* en todas las fechas de evaluación, en el Ensayo III.

N°	Trat.	Fecha*									
		1	2	3	4	5	6	7	8	9	10
1	Testigo	1.2a	1.7a	2.2a	2.6a	4.0a	4.8a	5.4a	6.3a	7.3a	8.3a
2	Benomilo	0.9b	1.4a	1.8ab	2.1b	2.7b	3.1b	3.6c	4.4c	5.0c	6.3c
3	Cercobin	0.0c	0.6b	1.1c	1.3c	1.6c	1.9c	1.9d	2.8d	3.6d	4.3d
4	Manzate	0.0c	0.0c	0.0d	0.0d	0.0d	0.0d	0.0e	0.0e	0.0e	0.0e
5	Cupravit	0.0c	0.9b	1.3bc	2.0bc	2.4bc	3.1bc	4.1bc	5.0bc	5.8bc	6.3c
6	Zineb	0.9b	1.4a	2.0a	2.4b	3.1b	4.1b	5.0ab	5.8ab	6.3b	7.3b
7	Captan	0.0c	0.0c	0.0d	0.0d	0.0d	0.0d	0.0e	0.0e	0.0e	0.0e

Nota. Los valores promedios en la columna, con las mismas literales, no son estadísticam diferentes,*. Los datos se registran cada 24 h.

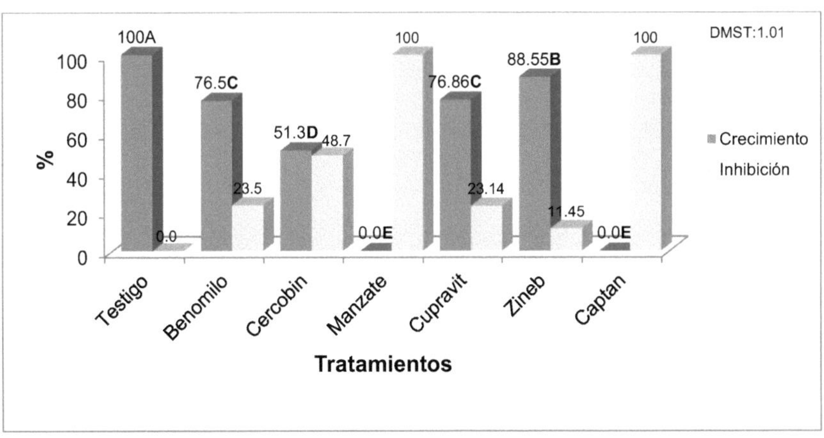

Figura 26. Porcentaje de crecimiento e inhibición de *P. microspora,* en los cinco tratamientos del Ensayo III. DMST (Diferencia mínima significativa de Tukey).

fungicidas de manzate y captan. Resultados muy similares expresados en % de inhibición han sido reportados por Bhuvaneswari *et al* (2010) en estudios realizados con *P. palmarum*, quienes con mancozeb obtuvieron 100% de inhibición. De acuerdo con Barman *et al.* (2015), también evaluaron fungicidas como captan y mancozeb reportaron valores diferentes e inferiores a los obtenidos en este ensayo, reportando 37.5% con mancozeb y 82.4% con captan. El 100% de inhibición reportado en este trabajo coincide con lo que reportó Esiegbuya *et al* (2014), quienes encontraron una completa inhibición con captan sobre *Pestalotiopsis clavispora*.

VIII. CONCLUSIONES

De acuerdo a los objetivos planteados y en base a los resultados obtenidos en los Ensayos I, II y III, se concluye lo siguiente:

- Se identificó morfológica y molecularmente a la especie *Pestalotiopsis microspora* Speg., agente causal del clavo de la guayaba, en Tetipac, Gro..

- El aislamiento de este hongo es patogénico cuando se inocula en frutos y hojas sanas de guayaba. La infección fue más severa en frutos y hojas con heridas artificiales.

- Las cepas de *Trichoderma* spp., presentan diferencias significativas en la inhibición del hongo patógeno.

- Las especies de *T. asperellum (cepa Cocula), T. Fasciculatum,* y *T. reesel* presentan efectividad biológica de 100%.

- Los extractos vegetales presentan diferencias significativas en el control del patógeno.

- Los extractos Cinnoil, Capsioil, Lippoil, Biocanela, Neem y Allioil tiene efectos fungistáticos sobre *P. microspora*.

- El extracto de neem destaco sobre los demás, por tener una efectividad biológica de 31.8%.

- Los productos químicos Mancozeb, sulfato de cobre, ditiocarbamato de zinc y captan, tienen acción fungicida porque inhibieron completamente el desarrollo del hongo.

- Los productos Benomilo y tiofanato metílico ejercen acción fungistática porque solo retrasan el crecimiento de las colonias del patógeno.

X. REFERENCIAS BIBLIOGRÁFICAS

Agrios, N. G. 1996. Fitopatología. Primera Edición. Editorial Limusa. México D. F. 754 pp.

Agrios, N. G. 2005. Plant Pathology. Fifth edition. Elsevier Academic Press. San Diego, California, USA. 922 pp.

Anónimo. 2014c. Morfología *Trichoderma spp.* Edición de internet. http://educacion.ucv.cl/prontus_formacion/site/artic/20070710/asocfile/ASOCFILE1 20070710123449.PDF (Fecha de consulta: 06/06/2015).

Anónimo. 2015a. Ventajas sobre la utilización de *Trichoderma.* Edición de internet. http://www.infojardin.com/foro/showthread.php?t=39804 Fecha de consulta: 19/04/15.

Anónimo. 2015b. Antagonistic properties of species – groups of *Trichoderma.* I. Production of nonvolatile antibiotics. Transaction of the British Mycological Society 57:25–39.

Arévalo, P. E., Díaz, J. A., Galindo, A. J., Rivero, C. M. 2012. Manejo fitosanitario del cultivo de la guayaba (*Psidium guajava L.)* Medidas para la temporada invernal. pp 14-16. Edición de internet http://www.ica.gov.co/getattachment/00295b79-bcb0-4ab2-80f9-b6e3ab7218b8/-nbsp;Manejo-fitosanitario-del-cultivo-de-guayaba.aspx. Fecha de consulta: 15/06/15.

Avalos, C. 2014. El polémico uso de agroquímicos. Grupo Generación. Descargado de la red: http: // www. generaccion. com / magazine / 876 / polmico - uso - agroqumicos. Consultado: 15/07/2015.

Ayala, B. M. F. 2008. Manejo integrado de moniliasis (*Moniliophthora roreri*) en el cultivo de cacao (*Theobroma cacao* L.) mediante el uso de fungicidas, combinados con labores culturales. Tesis de licenciatura. Facultad de Ingeniería en Mecánica y Ciencias de la Producción. Escuela Superior Politécnica del Litoral. Guayaquil, Ecuador. 25-32bp.

Barman, H., Aniruddha, R. and Kumar-Das, S. 2015. Evaluation of plant products and antagonistic microbes against grey blight (*Pestalotiopsis theae),* a devastating pathogen of tea. African Journal Agricultural Research. 9(18):1263-1267.

Barnett, H. and Hunter, B. 2000. Illustrated genera of imperfectfungi. Third Ed. Burgess Publishing Company. Minneapolis, USA. 241 pp.

Barnett, H., and Hunter, B. 1998.Illustrated Genera of Imperfect Fungi.The American PhytophatologicalD. F. 726 p

Bauer, de la I. M. L. 1984. Fitopatología. Primera edición. Editorial Futura, México, D. F. 384 pp.

Bhyvaneswari, V., Venkata Ramana, K. T., Bhagavan, B. V. K., Naga Lakshmi, R. and Srinivasalu, B. 2010. *In vitro* studies on management of leaf blight disease of palmyrah caused by Pestalotiopsis palmarum (Cooke) Stey. Journal of Plantation Crops 38(2): 165-167.

Carrasco, R. A. 2014. Diccionario de especialidades agroquímicas. 4a Edición 2014. PLM México S.A. de C.V. México, D. F. 2000 pp.

Chaverry, P. and Samuels G. J. 2003. Multilocus phylogenetic structure within the Trichoderma harzianum/Hypocreali xxi complex.Molecular Phylogenetics and Evolution 27: 302-313.

DEAQ. 2015. Diccionario de Especialidades Agroquimicas. Consultado en línea: http://www.agroquimicos-organicosplm.com/ Consultado 05/06/15.

Díaz, N. J .F., Alvarado, G. O .G., Leyva, M. S. G. Ayvar, S. S., Michel, A. A. C. and Vargas, H. M. 2015. Identification and control of fungi causing fruits rot in pipiana pumpkin (Cucurbita argyrosperma Huber). African Journal Agricultural Research. 10(11):1150-1157. DOI: 10.5897/AJAR2015.9486

Díaz, N. J. F., Vargas, H. M., Ayvar, S. S., Alvarado, G. O. G., Solís, A. J. F., Durán, R. J. A., Díaz, C. H. L. y Hernández, A. A. 2014. Identificación morfológica y por PCR de Rhizoctonia solani Kühn a partir de frutos de calabaza pipiana y su manejo en invernadero. Biotecnia. 16(3):17-21.

Domingo, F. P., Insuasty, O. y Fanor. C. 2006. Distribución espacio temporal y daño ocasionado por *Pestalotia* spp. en frutos de guayaba. Revista corpoica. Edición de internet: http://www.ica.gov.co/getattachment/d08ab9dc-7593-4315-9a49-b3a5f52d2da2/Publicacion-20.aspx.Fecha de consulta: 19/04/15.

Esiegbuya, E. A., Oruade-Dimaro, E. E., Odigie, F. I., Okungbowa, O., Lgb Inedion, L. G. B. and A. Ojieabu. 2014. *In vitro* Evaluation of Some Selected Fungicides against *Pestalotiopsis clavispora* and *Pseudocochliobolus eragrostidis* Isolated from *Vitellaria paradoxa* Seedlings. Journal of Agriculture and Veterinary Science. 7(1): 80-85.

Ezziyyani, M. 2004. Biocontrol de *Pestalotiopsis microspora* (*Psidium guajava* L.) mediante una combinación de microorganismos antagonistas. Murcia: Tesis Doctoral. Universidad de Murcia.

Flores, P. I. 2015. Manejo integrado del clavo en guayaba (*Pestalotiopsis psidii*). p 1-19. Fecha de consulta: 16/06/15.

Gams, I. and Bissett, M. 1998. Morphology and identification of *Trichoderma in: Trichoderma and Gliocladium* (Vol. 1).

García, E. M. 1973. Modificaciones al sistema de clasificación climática de Köppen. Instituto de Geografía. Universidad Nacional Autónoma de México. México, D. F. pp 32-41.

González, G. E., Castillo, P. I. y Lozano, M. A. 2008. Control del clavo de la guayaba. Memorias del XXXI Congreso Nacional de Control Biológico Sociedad Mexicana de Control Biológico. pp: 446-429.

Guédez, C., Castillo, C., Cañizales, L. y Olivar, R. 2008. Control biologico: Una herramienta para el desarrollo sustentable y sostenible. Edición de internet. http://www.saber.ula.ve/bitstream/123456789/29752/1/articulo5.pdf. Fecha de consulta: 17/06/15.

Harman, G. E., Howell, C. R., Viterbo, A., Chet, I. and Lorito, M. 2004. *Trichoderma* species-opportunistic, avirulent plants symbionts.Microbiogy 2: 43-56.

Hernández, O., Herrera, R. y Castillo, H. 2009. *Trichoderma spp.*, una alternativa para el control de hongos fitopatógenos. Revista de Divulgación Cientifica. Cienciacierta. Edicion digital #17. Descargado de la red: http: //www.postgradoeinvestigacion.uadec.mx/CienciaCierta/CC17/cc17trichoderma.ht ml. Consultado: 10/06/15.

Idris, F. M., Ibrahim, A. M. and S. F. Forsido (2015) Essential Oils to Control Colletotrichum musae in vitro and in vivo on Banana Fruits. American-Eurasian Journal of Agricultural & Environmental Sciences 15(3): 291-302.

Infante, D., Martínez B. y Reyes, L. 2009. Mecanismos de acción de *Trichoderma* frente a hongos fitopatógenos. Rev. Protección Veg. 24 (1): 10 - 84.

Insuasty, B. O; Monroy, R; Díaz, F. A; y Bautista, D. J. 2005. Manejo fitosanitario del cultivo de la guayaba (*Psidium guajava L.*) en Santander. p 29-30. Fecha de consulta: 15/06/15.

Jiménez, A. y Santos. R- 1992. Estudio biológico y morfológico del hongo causante de la pudrición apical de los frutos de guayabo (*Psidium guajava L.*). Revista de Facultad de Agronomía (LUZ). 9: 77-96.

Kasar, P., Maity, S. S., Bhattacharya, A. Y. and D.C. Khatua. 2006. Occurrence of guava fruit canker in west Bengal and bioassay of fungicides against pathogen. Journal of Horticultural. CAB Abstracts. http:/ www.cababstractsplus.org/abstracts/Abstracts.aspx?AcNo.=20053079049. Fecha de consulta: 20/06/15.

Keith, L. M., Velasquez, M. E., and Zee, F. T. 2006. Identification and characterization of *Pestalotiopsis* spp. causing scab disease of guava, *Psidium guajava*, in Hawaii. PlantDis. 90:16-23.

Kullnig-Gradinger, C. M., Szakacs, G. y Kubicek, C. P. 2002. Phylogeny and evolution of the genus Trichoderma: a multigene approach. Mycological Reseach 106:757-767.

López, F. L. C.1994. Ensayo con fungicidas e insecticidas contra el "clavo" de la guayaba en la región de Calvillo-cañones, Colomos Ags.1994-1995. Informe Anual de Investigación. SARH-INIFAP-CIRNOC-CEPAB. México. 9 pp.

Maqbool, M., Ali, A., Alderson, P. G., Mohamed, M. T. M., Siddiqui, Y. and N. Zahid. 2011. Postharvest application of gum arabic and essential oils for controlling anthracnose and quality of banana and papaya during cold storage. Postharvest biology and technology 62(1): 71-76.

Martínez, B., Danay, I. y Reyes, Y. 2013. *Trichoderma* spp. y su función en el control de plagas en los cultivos. Edición de internet. http://scielo.sld.cu/scielo.php?script=sci_arttext&pid=S1010-27522013000100001. Fecha de consulta: 19/04/15.

Martínez, F. M. 2012. Evaluación de tres cepas de *Trichoderma spp.,* como alternativa de biocontrol contra Phytophthora capsici L. en plántulas de pimiento morrón bajo invernadero. Tesis de maestría. Centro interdisciplinario de investigación para el desarrollo integral regional. Instituto Politécnico Nacional. Durango, México.

Martínez, S., Terrazas, E., Álvarez, T., Mamani, O., Vilaa, J. y P. Mollinedo. 2010. Actividad antifúngica in vitro de extractos polares de plantas del género *Baccharis* sobre fitopatógenos. Rev. Boliv. Quím. 27: 13-18.

Michel, A. A. C. 2001. Cepas nativas de *Trichoderma* spp., (Euascomicetes: Hypocreales), su antibiosis y micoparasitismo sobre *Fusarium subglutinans* y *F. oxysporum* (Hyphomycetes: Hyphales). Tesis de Doctorado en Ciencias. Tecomán, Colima: Universidad de Colima. 140 pp.

Montes, B. R. 2006. Extractos sólidos, acuosos y hexánicos de plantas para el combate de Aspergillus flavus Link en maíz. Revista mexicana de Fitopatología. 15: 26-30.

Montiel, M. D. R, y Avelar, M. J. J. 2001. Etiología de la enfermedad "Clavo de la guayaba". 1-11. Fecha de consulta: 19/04/15.

Ortiz, M. G. 2015. Informe de investigación en el curso de fitopatología I. Centro de estudios profesionales. Colegio Superior Agropecuario del Estado de Guerrero. Cocula, Gro. 68-75 pp.

Plancarte, G. P. J. 2014. Efectividad biológica in vitro de Trichoderma spp. Fungicidas químicos y productos orgánicos contra *Colletotrichum tropicale Rojas* y Samuels causante de la antracnosis del noni. Tesis de licenciatura. Centro de Estudios Profesionales. Colegio Superior Agropecuario del Estado de Guerrero. Cocula. 15 p.

Prakash, O. and B. K. Pandey. 2007. Current scenario of guava diseases in India and their integrated management. *In:* Proceedings First International guava Symposium. G. Singh, R. Kishum, and E. Chandra (eds.) Acta Horticulturae 735:495-505.

Quiagen. 2012. Manual del kit QIAamp® DSP DNA Blood Mini. Versión 2. Alemania.

Quijada., O., y R. Gómez. S. 2005. Desarrollo tecnológico para el manejo poscosecha de la guayaba en Colombia y Venezuela. Informe de avances de proyecto. Instituto Nacional de Investigaciones Agropecuarias del estado Zulia- Corporación Colombiana de Investigación Agropecuaria. Estación Experimental CIMPA (Programa Nacional de procesos Industriales). Barbosa. http//:www.fotagro.org/projects/01_21_guayaba/III_infotec_01_021.pdf. Consultado: 20/05/15.

Ray, G. O., Quijada, N., Guanipa, R., Carnacho, Y. 2005. Control de la pudrición apical del fruto y secamiento del árbol mediante manejo integral del cultivo del guayabo (*Psidium guajava* L.). Bioagro 15:135-142.

Rayo, C. C. 2014. Informe de investigación en el curso de fitopatología I. Centro de estudios profesionales. Colegio Superior Agropecuario del Estado de Guerrero. Cocula, Gro. 68-75 pp.

Reyes, A. J. C. 1981. Diseño de experimentos aplicados. Primera Reimpresión. Trillas. México, D. F. pp 285-309.

Romero, R. L. 1988. Etiología de la enfermedad "clavo del guayabo". XXVIII Congreso Nacional Fitopatología. Sociedad Mexicana de Fitopatología. p:140.

Rosales, K., E. Sanabria, M., Rodríguez D., Camacaro, M., Ulacio, D., J. Cumana, L. y O. Crescente. 2002. Potencial efecto fungicida de extractos vegetales en el desarrollo in vitro del hongo *Colletotrichum gloeosporioides* (Penz.) Penz. & Sacc. y de la antracnosis en frutos de mango. Revista UDO Agrícola 9 (1): 175-181.

SAGARPA, 2014. México es primer lugar mundial en la producción de guayaba. Consultado en línea: http://www.siap.gob.mx/produccion-chile-verde/ Fecha de consulta: 02/07/2015.

SAS Institute Inc. 2014. SASuser's guide: Statistics. Relase 6.03. Ed. SAS Institute incorporation, Cary, N.C. USA. 1028p.

Singlenton, L. L., Mihail J. D. and Rush Ch. M. 1992. Mehtods for research on soil borne Phytopathogenic Society. Minesota. 4a. ed. 217 p.

Steel, G.D. y H. Torrie, J. 1998. Bioestadística: principios y procedimientos. Segunda Edición. McGraw Hill.México, D. F. 392 pp.

Thompson PLM. 2012. Diccionario de especialidades agroquímicas Edición N° 22. México, D.F. 1840p.

Thomson. 2012. Diccionario de especialidades agroquímicas. 22a Edición. México, D. F. 1840 pp.

Tuite, J. 1996. Plant pathological methods; fungi and bacteria. Burgess, Minneapolis USA. 239 pp.

Villegas, A.M.A. 2014. *Trichoderma* pers. caracteristicas generales y su potencial biológico en la agricultura sostenible. Revista Orius Biotecnología. Sudamérica. 24 (1): 5-12.

Wantanabe T. 2002. Pictorial Atlas of Soil and Seed Fungi. Morphogies of Cultures Fungi and Key to Species. Second edition. CRC Press. New York Washington, D.C. 500p.

White, T.J., Bruns, T., Lee, S., and Taylor, J. 1990.Amplification and direct sequencing of fungal ribosomal RNA genes for phylogenies. In: M.A. Inns, D.H. Gelfland, J.J. Sninsky, and T.J. White (eds.). PCR Protocols.pp.315-322. Academic Press. San Diego, CA.

I want morebooks!

Buy your books fast and straightforward online - at one of world's fastest growing online book stores! Environmentally sound due to Print-on-Demand technologies.

Buy your books online at
www.morebooks.shop

¡Compre sus libros rápido y directo en internet, en una de las librerías en línea con mayor crecimiento en el mundo! Producción que protege el medio ambiente a través de las tecnologías de impresión bajo demanda.

Compre sus libros online en
www.morebooks.shop

Printed by Books on Demand GmbH, Norderstedt / Germany